美観都市パリ

18の景観を読み解く

和田幸信

鹿島出版会

多くのことを学んだ父に

はじめに

フランスの都市計画を二十年以上にわたり続けてきており、このテーマが私の研究者としてのライフワークとなった。毎年のようにフランスに現地調査に行っているが、どの都市に調査に行くにせよ、まずパリに降り立つことになる。このようにパリに滞在することが多い上、パリの景観についても調査したことがあるので、機会があるたびにパリの文化遺産や都市空間を訪れるとともに、その成立などを調べてきた。

パリの都市空間について驚いたことは、意外な人物が関わっていることである。たとえばメリメと言えば、「カルメン」の著者として知られているが、第二代の歴史的建造物総監なのである。この立場でフランス南部の歴史的な建物の調査を行い、その後さらにスペインまで足を伸ばし、ここでカルメンの着想を得ている。

またラヴォアジェの名は、高校の化学で習った「ラヴォアジェの法則」として覚えている人も多いだろう。ラヴォアジェは化学者ながら国家財政委員であり、パリに持ち込む物品について入市税を徴収するため、都市壁をつくっている。

マルローはノーベル文学賞受賞者であるとともに、行動する作家として著名であり、国際義勇軍を組織してスペイン内戦に参加し、第二次世界大戦後はド・ゴール大統領のもとで文化大臣を務めている。このマルローも、世界で最初の歴史的環境の保存制度を、世界遺産の制度に十年も先立ってつくっている。

このような異色の人物たちにより彩られていることもあり、パリの街は多彩な魅力に富んでいる。フランスは世界一の観光立国であり、毎年フランスの人口と同じだけの観光客が訪れている。そして、フランスに来る観光客はほとんど例外なくパリを訪れるので、パリは世界一の観光都市となっている。

それでは、このように多くの観光客をパリに惹きつけるものは何だろうか。

パリは長きにわたって絶対王政の首都であり、歴代の王は、国中からもたらされた富によって壮大な宮殿や教会などのモニュメントを建ててきた。特にフランスでは、他の国々に対し文化的な優越性により威信を示すことが行われてきており、パリの街の美観もこのような政策の一環として整えられてきた。このような政策は、フランス革命により王政が打倒されてからも継承され、皇帝や現在の大統領まで受け継がれている。

しかし、いかに過去の優れた文化遺産が遺されていようと、その周囲にふさわしくない建物があるなら、その価値は減殺されよう。たとえばノートルダム大聖堂の背後に摩天楼が聳えていたり、ルーヴル宮の前に近代的なビルやファストフードのチェーン店があることを想像するなら、いかに周囲の景観が重要か理解されよう。

フランスでは、文化遺産や歴史的建造物の周囲の景観を保存する考えが早くから生まれ、既に第二次世界大戦中に、歴史的建造物の周囲に建てられる建物を規制する制度ができている。また現代の都市景観に大きな影響を与える広告や看板の規制も、早くから行われている。こうして、パリの歴史を物語る多くのモニュメントが、周囲の街並を含めた歴史的環境として保存され、その姿を見せている。

しかし歴史的な建造物や街並が現在に残るだけでは、都市としての魅力があるとはいえない。やはり都市が都市であるためには、未来に遺すものを創り出すような活力が必要である。そうでないなら、都市は巨大な屋外博物館に過ぎなくなるだろう。

パリには、世界遺産に登録されるような宮殿や教会があるだけではなく、未来の文化遺産となるような建築がつくられている。たとえばポンピドー・センターなど、できた当初は賛否両論の議論がパリやフランスはもとより世界中で起きたが、三十年以上経った今ではすっかりパリの景観の一つとなっている。建設当初は非難されたエッフェル塔が、十九世紀のパリを代表する建造物となったように、将来、ポンピドー・センターも二十世紀のパリに建てられた記念碑的建築となるかもしれない。またルーヴル宮のピラミッドも、既にこのような歴史に残る建物の中に位置しているようである。

こう考えるなら、パリは過去から受け継いだ遺産で生きているような都市ではなく、未来の文化遺産となる建物や都市空間を、現在進行形で創り出している都市であると言えよう。これが、多くの人々を惹きつけるパリの魅力である。

本書は、このようなパリの都市空間について、十八の景観を選んで読み解いたものである。パリについては文学や歴史を通して述べられることが多いようであるが、建築を学び都市計画を研究する者として、パリの都市空間の成り立ちと意味を語ることとした。本書を読んで、これらの景観を自分の目で見たいと思っていただけるなら、私にとってこれほど嬉しいことはない。

目次

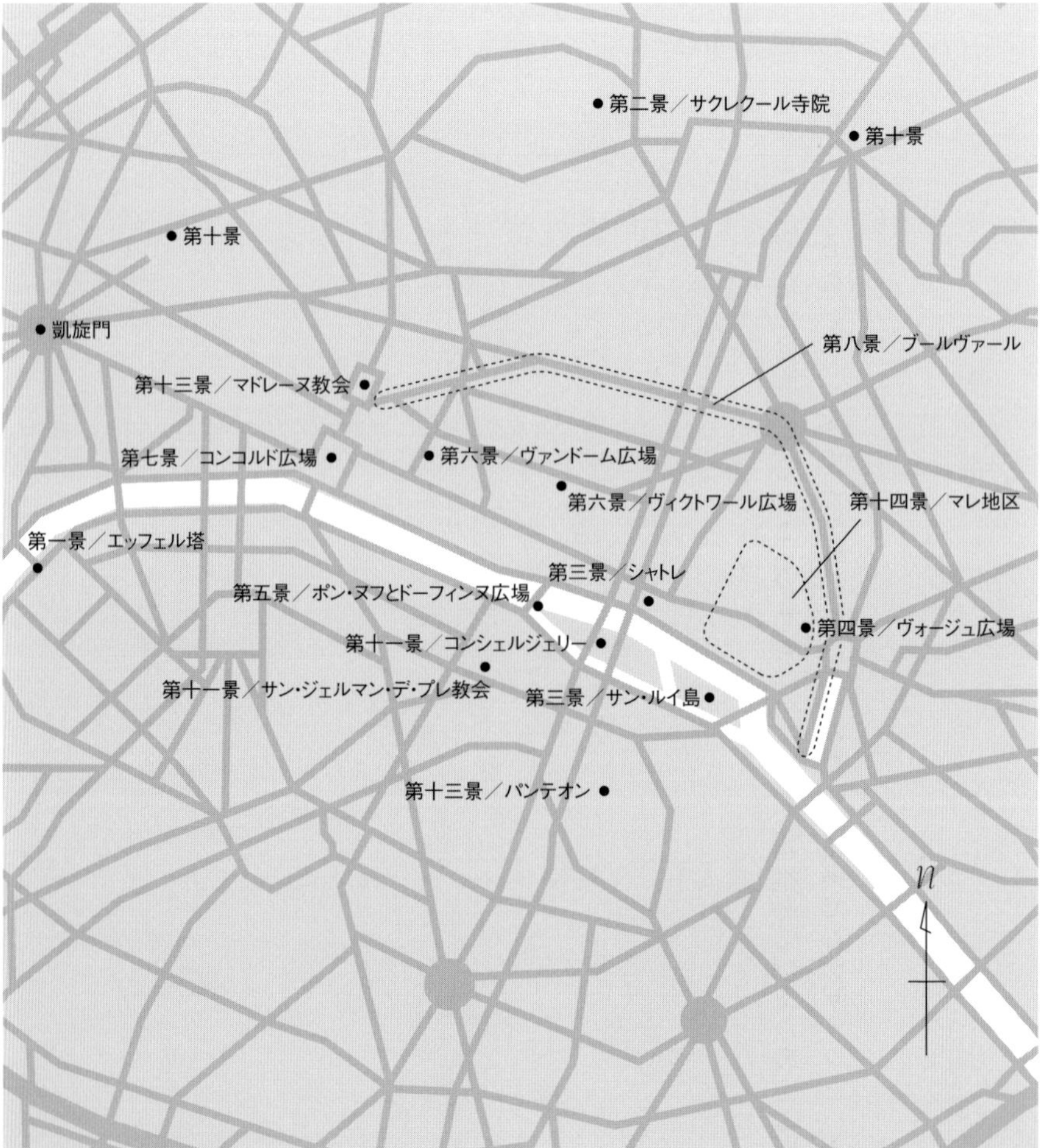
第二景／サクレクール寺院
第十景
第十景
凱旋門
第八景／ブールヴァール
第十三景／マドレーヌ教会
第七景／コンコルド広場
第六景／ヴァンドーム広場
第六景／ヴィクトワール広場
第十四景／マレ地区
第一景／エッフェル塔
第三景／シャトレ
第五景／ポン・ヌフとドーフィンヌ広場
第四景／ヴォージュ広場
第十一景／コンシェルジェリー
第十一景／サン・ジェルマン・デ・プレ教会
第三景／サン・ルイ島
第十三景／パンテオン
n

第一景　エッフェル塔
軸線の美学が生んだ造形

エッフェル塔vs東京タワー

パリにある多くの建造物の中で、最も有名なものといえばエッフェル塔になるだろう。歴史性というなら石造りのノートルダム大聖堂やルーヴル美術館といった老舗に遠く及ばないものの、パリのどこからでも街並の上にそのシルエットを見ることができるという点で、他の建造物を凌ぐモニュメントになっている。もっとも、単に目立つというだけならモンパルナスタワーがあるが、こちらの方はパリの景観を損なう悪役となっている。とはいえエッフェル塔も、つくられた当時はモンパルナスタワーと同様に非難囂々《ごうごう》だったが、現在ではすっかりパリの顔として定着している。

　エッフェル塔については既に多くのことが語られているが、建築を学びまた教える者として、ここでは塔としてのデザインの点から考えてみたい。建築でもデザインというと単に造形だけではなく、敷地をいかに利用したか、さらには周囲の環境との調和が考えられる。エッフェル塔のような巨大な建造物では、考慮すべき周囲の環境も建物とは比較にならないほど大きいだろう。またデザインというなら他の塔との比較が必要になるが、高さ三百メートルを超える塔など世界にも稀である。そこで最も身近な東京タワー

長さ1.6キロにも及ぶ軸のどこからでもエッフェル塔を見ることができる。

との比較から、エッフェル塔がなぜパリを代表する建造物になったのかを考えてみたい。

「東京タワーは建造物であるが、エッフェル塔は芸術作品だ」などと言われるのを聞いたことがある。私はフランスの都市景観の研究をしているが、だからといって何でもフランス贔屓《びいき》という訳ではないので、こう言われると癪に障《さわ》らないわけでもない。しかし客観的に見ても、エッフェル塔の方が鉄骨の塔の造形として洗練されていると思われる。これは多くの人の感じていることであり、実際エッフェル塔はパリの名所であるが、東京タワーは東京に行ったら最初に訪れる場所だというわけではないという事実が、何よりも二つの塔の差を如実に物語っている。

軸線上の景観

しかしこのような評価は、東京タワーにとってみればフェアではないということになろう。というのはエッフェル塔と東京タワーとでは、建てられている場所があまりに異なるからである。

エッフェル塔は幅二百五十メートル、長さが一キロにも及ぶ緑の軸ともいうべきシャン・ド・マルス公園がセーヌ川に接する場所に建てられている。この軸はここで終わることなく、イエナ橋でセーヌ川を渡り、トロカデロ庭園を上り、シャイヨー宮まで伸びて長さ一・六キロにも達している。このような長大な軸に建てられているので、高さ三百メートルの塔でも全体の姿を見る場所が十分にある。特にシャイヨー宮のテラスから見るパノラマはパリの名所になっており、眼下にはトロカデロ庭園の黄金の彫像が噴水の水しぶきを受けて陽光を反射し、その先を見るとセーヌ川が横切り、さらにその後方にエッフェル塔が脚柱から頂部まで全体の姿を見せる。パリに来た観光客が必ず訪れる観光スポットである。

▲雄大なパノラマが広がるシャイヨー宮のテラスはパリ第一の名所となっている。

これに対し、東京タワーは一体どこから見ればよいのだろうか。シャン・ド・マルス公園のような軸どころか、周囲をビルで囲まれているので全体を見るような場所さえない。全体を見ようと思うならよほど近くに行き、下からデフォルメされた姿を仰ぎ見る他はない。このように立地条件がまるで異なるので、両者を比べるというのは東京タワーにとって酷というものである。

それではフェアな比較を行うため、東京タワーをエッフェル塔の建っている場所に置いたと考えるならどうだろうか。最近はＣＧが発達しているので、これくらいの合成写真や映像はすぐにつくれるだろう。このようなＣＧの映像をつくると、残念ながらエッフェル塔と東京タワーの造形の差がより露わになるに違いない。

エッフェル塔と東京タワーの最も大きな差は、エッフェル塔では脚柱の中に斜行エレベーターを入れることにより、四本の脚柱の下がすっきりと空いていることである。このため、近付くと軸の反対側の景観を見ることができる。北から近付くなら、シャン・ド・マルス公園とその後方にある十八世紀の名建築である士官学校を、南から近付くならトロカデロ庭園の噴水とその背後にあるシャイヨー宮が見える。さらに近付いて塔の下に立つなら、周囲に巨大な四本の脚柱が見え、上を見上げると何重もの鉄骨のトラスの重なりにより支えられた塔を見ることができる。

それでは東京タワーがエッフェル塔の位置にあったらどうだろうか。シャン・ド・マルス公園から始まる軸の中に位置しているので、東京の場合とは異なり全体の姿はよく見えるだろう。ただ東京タワーでは、四本の脚柱の真ん中にビルがあり、ここからエレベーターの通路が上に向かっている。このため近付くと、当然このビルが目の前に見えることになる。シャイヨー宮からトロカデロ庭園を見ながら丘を下りた時、前方にこのようなビルが見えたらどう思うだろうか。さらに近付くほどビルが視界に広がるので、軸の

▲脚柱に斜行エレベーターを設けたことにより、塔の下を空けることができた。

反対にあるシャン・ド・マルス公園も士官学校もほとんど見えない。せっかく長い軸があることにより続いてきたパースペクティブが、このビルにより断ち切られてしまうのである。エッフェル塔の脚柱の下に広々とした空間が広がっているのを体感している者にとって、ここにビルがあり、シャイヨー宮やシャン・ド・マルス公園を見ることができないことを想像するなら、いかにエッフェル塔と東京タワーが違うかということが理解されるだろう。

斜行エレベーター

四本の脚柱の下に大きな空間が広がり、一・六キロのパースペクティブが遮断されないのは、設計者であるギュスターヴ・エッフェルが斜行エレベーターを脚柱に入れたためである。このことをあたりまえのように考えているが、実は技術的に大変なことなのである。当時はエレベーター自体が、最先端のハイテクであった。エッフェル塔はフランス革命百年を記念して一八八九年に建てられたが、奇しくもこの年にニューヨークのビルで世界初の電動式エレベーターが実用化されている。エッフェル塔のエレベーターは水圧式であるが、何しろ脚柱の中に入っているだけでなく、斜行エレベーターである。建物の中を垂直に移動するエレベーターとは訳が違う。

そもそも、移動距離からして建物とは比べものにならない。エッフェル塔には三カ所に展望台があり、一、二階の展望台にはこの斜行エレベーターで上る。二階の高さは百十五メートルであり、パリの七、八階建てのアパルトマンのエレベーターの数倍の高さまで人や物を運ぶことになる。

また、脚柱の中にエレベーターの通路を用意するのも大変である。四本の脚柱を、高さ三百メートルの高さの塔を支えるように設計するだけではない。さらにこの中に地上か

▲エッフェル塔の下には東京タワーのように建物がないので、下から見上げることができる。

ら二階の展望台まで上るエレベーターの通路を空け、その外側に鉄骨のトラスを組むことになる。東京タワーのように強度だけを考えて自由に鉄骨を組むことを考えるなら、四角いエレベーター通路を脚柱の断面に中空のチューブのように通して塔をつくるというのは、技術者にとって大きな制約であったろう。

さらに、斜行エレベーターの箱の移動も難しい技術であったと思われる。斜行といっても、一定の角度で移動するのではない。エッフェル塔の脚柱のカーブに沿って動くのである。地上から一階、二階と上るにつれ脚柱の勾配は次第に垂直に近くなっていくが、それでも箱は常に水平を保ちながら移動するのであるから、コンピューター制御などのない時代、技術者は苦労したに違いない。

それでは、エッフェルはなぜ技術的に難しい斜行エレベーターを脚柱に設置したのだろうか。それはエッフェルが、単に史上初めて高さ三百メートルの塔を建てることを意図しただけではなく、塔のデザインを考えたからである。このデザインの中心を成すコンセプトは軸線を活かすもので、既に述べたように、脚柱の下を空けることで軸線のパースペクティブを通すことであった。これはパリにおいて伝統的な考え方であり、一九三七年の万博の際にシャイヨー宮が建てられた時にも、左右対称に配置された二つの建物の間のテラスがシャン・ド・マルス公園からエッフェル塔を通る軸線上につくられている。エッフェルが受け継いだ軸線の美学は、その後の世代によっても踏襲されているのである。

装飾アーチの意味

エッフェルは斜行エレベーターの他に、脚柱にもう一工夫している。それは脚柱の間に装飾アーチを付けたことである。意外に知られていないことであるが、このアーチは

まったくの飾りであり、この塔をよりよく見せるために用いられている。このアーチが装飾であることは、近付いて見ると鉄骨部材にアール・ヌーヴォーのような装飾が付いており、アーチも土台の上に飾りのように乗せられていることからも分かる。

それではなぜエッフェルは、この装飾アーチを脚柱の間に付けたのだろうか。というのは、エッフェルは塔をいかに軽くするかに苦心したからである。実際、エッフェル塔はそれ自体でたったの七千トン、内部の施設を入れても一万トンに過ぎない。こう言われてもピンとこないであろうが、東京湾に架かるレインボーブリッジが四万五千トン、日本一高い横浜のランドマークタワーで使われた鉄骨の重量が五万トンであることを思うなら、エッフェル塔の軽さが理解されよう。

より分かりやすい説明がミシュランのガイドブックにあるので、引用しよう。「総重量七千トン。この重量は塔をすっぽり包む円筒形の空気の重量よりも軽い。地面への負荷は一平方センチあたり四キロで、これは椅子に座った人間の重量に等しい。高さ三十センチの鋼鉄製の正確な縮尺模型をつくった場合、その重量は七グラムに過ぎない」。空気の重さなど考えたことがないので、円筒形の空気の重さより軽いというのは驚きである。

このようにエッフェルは、史上初の高さ三百メートルの塔をつくるにあたり、いかに自重を軽くするかに苦闘した。それなのに、なぜ塔を支えず重くするだけのアーチを付けたのか。また自重とともに問題なのは風圧である。フランスには地震がないので、風圧は最大の外力であり、装飾のある表面積の広い部材を用いるのは、風圧を大きくするだけで構造的には大きなマイナスである。

それでも装飾アーチをあえて付けたのは、脚柱の下にできた空間を美しく見せることをエッフェルが意図したからであると思われる。エッフェル塔の下に立つと、周囲にアーチで縁取られた景色が広がる。これに対しアーチがないと、一階の展望台と脚柱により

▲脚にかけられたアーチは装飾で、構造的に役立たないというよりもマイナスである。

台形の空間ができる。軸線上に見た時、アーチの下にシャン・ド・マルス公園あるいはトロカデロの噴水やシャイヨー宮が見えるのと、台形の下にこれらが見えるのとではどちらが景観的に優れているだろうか。またエッフェル塔自体も外形が緩やかな曲線であり、離れた場所から全体を見る時、脚柱の下に直線的な台形の空間が見えるのと、曲線であるアーチが見えるのとでは、どちらが優れたデザインだろうか。このアーチも脚柱の下を大きく空けたことに関連するデザインである。

デザインとしてのエッフェル塔

エッフェルはそれまで多くの橋や鉄橋を、アーチを用いてつくっている。特にガラビ橋はアーチの長さが百六十五メートルにもなることで知られている。これまで用いてきたアーチは、もちろん装飾などではなく、純粋に構造として橋や鉄橋を支えている。ただこのようなアーチの利用を通して、エッフェルはアーチの美しさを感じ取ったのではないだろうか。またエッフェルというとすぐに塔や橋をつくったエンジニアと思われがちであるが、百貨店のボン・マルシェやクレディ・リヨネ銀行の内部空間も手がけており、今で言うデザイナーとしての仕事も行ってきたのである。

またアーチというなら、すぐに思い出されるのは石造りの建物であろう。アーチはローマ人の一大発明と言われるとおり、その末裔であるフランスをはじめ、ヨーロッパの人たちはアーチを使って石造りの建物や橋を築いてきた。フランスでは誰にとっても、アーチは窓や出入り口でも見られるおなじみの形である。このような慣れ親しんだ形を塔の脚柱に入れるなら、これまで見たこともない巨大な鉄骨の塔も人々に受け入れやすいのでは、とエッフェルは考えたかもしれない。

エッフェルが、アーチをどう評価して脚柱の間に用いたのかは推測する他はない。確

かなのは、装飾のアーチを入れたところで、芸術家や作家たちの批判を和らげることにはならなかったことである。エッフェル塔が実際に建てられる二年前、コンペで勝った時に早くも、モーパッサンをはじめ作家や芸術家による抗議文が新聞に掲載されたことはよく知られている。この中には、オペラ座を設計したシャルル・ガルニエも含まれている。

フランスでは、建築アカデミーがあることから分かるように、建築は芸術とみなされている。そして建築とは、石でつくる宮殿や劇場あるいは貴族の館であり、ようやくオスマンの時代になり、建築家が一般のアパルトマンと言われる建物を建てるようになった。

これに対しエンジニアなどは、鉄で橋や陸橋など実用本位の物をつくる人に過ぎなかった。橋にしろ陸橋にしろ、通れればよいのであり、美や芸術などは関係のない建造物であった。このような時代背景を考えるなら、初めて地上三百メートルの鉄骨の塔を目にした時の建築家を含む芸術家の反応は、決して驚くことではないのである。

エッフェル塔の評価をみると、当初は鉄骨のつくり出すあまりに巨大な形が拒否されたものの、技術や時代の進歩により受け入れられるようになり、現在ではパリに欠かせないモニュメントになっている。しかしこのように要約すると、エッフェル塔自体の造形、要するにデザインが捨象されることになる。もしエッフェルが斜行エレベーターを用いずに脚柱の真ん中にエレベーター用のビルを設計していたら、あるいは脚柱に装飾アーチを付けなかったら、エッフェル塔は現在のようにパリを代表する建造物になっていただろうか。

そもそもエッフェル塔は、シャイヨーの丘からセーヌ川を越え、シャン・ド・マルス公園へと続く軸上に建てられた。そのためエッフェル塔はこの軸の主役となり、その後はエッフェル塔を考えてシャイヨー宮も建てられた。もしエッフェル塔が、モンスリー公園やモンソー公園などに建てられていたら、塔を見る軸もないし、この軸上に塔を見るテラス

▲アーチの下にシャイヨー宮を望む。

もつくられるわけではない。だとしたら、現在のような評価を受けていただろうか。

パリというと「凱旋軸」と言われる、ルーヴルからコンコルド広場、そしてシャンゼリゼを通る都市軸が有名である。しかしシャイヨー宮からシャン・ド・マルス公園へと続く軸も、小高い丘があり、ウォーターフロントのセーヌ川があり、緑地帯がある変化の多い景観に恵まれている。この一・六キロにも及び、しかも道路ではない幅もゆったりした軸を最大限活用するモニュメントを、エッフェルは設計したのである。

第二景
サクレクール寺院という異端
エッフェル塔のライバルは嫌われ者

サクレクール寺院VSエッフェル塔

パリで最も評判のよくない建造物はサクレクール寺院である、ということを聞いたことがある。意外な気がしたが、事実パリの歴史的建造物や文化遺産についての本を読んでも、あきれるくらい否定的な評価しか述べられていない。「まがい物としても、この時代の最悪の趣味」[*1]、「多くの人にとって長い間、醜悪のシンボルとして知られてきた」[*2]、「まがい物の愛好者なら訪れるのは自由である」[*3]という具合である。

日本人にとって、サクレクール寺院といえば、「麓に歓楽街が広がるから気をつけるように」という但し書きがつくにせよ、パリを一望に見下ろせるモンマルトルの丘に建つ白亜の聖堂である。モンマルトルには、若く無名だった頃のピカソやゴッホなどの画家が住んだこともあるので、ガイドブックを見てもパリでも有数の観光スポットとして紹介され、教会としても決して否定的なことは書かれていない。それだけに、このようなフランスにおけるサクレクール寺院の評価は、日本人には理解しがたいのではないかと思う。

サクレクール寺院は、エッフェル塔のライバルと言われることがある。確かにほぼ同

サクレクール寺院はモンマルトルの丘の上にあり、右岸で最も目立つ建物となっている。

じ時代に建てられ始めたし、単に目立つというだけでも両者は際立っている。左岸では、エッフェル塔が最も目立つ建造物であることは言うまでもない。それでは右岸ではということになると、パリで最も高いモンマルトルの丘に建ち、パリのほとんどの場所から見えるという点でサクレクール寺院になるだろう。特に南斜面にあるうえ、外観が白いので陽光を受けて白く輝く姿がひときわ人目を惹くという点でも、エッフェル塔と双璧をなすと言っていいだろう。

サクレクール寺院の政治性

しかしサクレクール寺院がエッフェル塔のライバルとなっているのは、このような見かけ上のことではなく、両者が意味する政治的な理念によってである。サクレクール寺院がカトリックを意味することは自明であるが、エッフェル塔が共和国あるいは共和制を表していることは、一般の日本人には理解できないのではないだろうか。ましてカトリックと共和国はフランスでは対立する思想である、ということも分からないことだろう。

フランス革命以前の「アンシャン・レジーム」と呼ばれる政治体制では、国王と結び付いたカトリックの聖職者は、身分制度の頂点に立つ支配的階級となっていた。これを倒したのがフランス革命であり、この結果、絶対王政と共に教会の権力や権威が否定され、フランスでは自由、平等、博愛に基づく共和制が成立した。革命の際に、国王やその妃であるマリー・アントワネットあるいは貴族だけではなく、恐怖政治により多くの市民、さらには革命家までがギロチンにより処刑された。また革命により、王制と結び付いて特権を享受していた多数のカトリックの聖職者が殺されただけでなく、多くの教会や僧院が略奪され、破壊された。ただしフランス革命により王制が廃止されたところで、共和制がすぐに定着するはずもなく、その後フランスは共和制、王制、さらにはナポレオンによる帝政と、大きな政体の変化や混乱を経験する。

フランス革命で多くの血が流されたうえに政体も不安定では、フランス革命を意義のあるものとして認めることは難しかった。それでも百年も経つとようやく、多くの流血を見た革命と、これが生んだ共和制を肯定的に見ることができるようになってくる。そこでフランス革命百年を記念するコンペが開催され、エッフェル塔が建てられることになる。いわば、エッフェル塔はフランス革命や共和国を評価する立場を表すわけで、カトリックの聖職者や信者にしてみれば面白くない存在である。

これに対しサクレクール寺院は一八七〇年頃、普仏戦争でプロシアに破れ、さらにパリコミューンにより市民同士が血を流し合うのは宗教心を失った結果である、と考えたカトリックの信者が中心となって建てられた教会である。一応、当時の保守的な議会が教会の建設を公益であると認めたものの、資金はすべてカトリックの団体が寄付により集めた。サクレクールとは、「聖なる心」すなわち聖心女子大学の聖心のことであり、キリストの御心を意味する。要するにフランス革命以来、失われた信仰を取り戻すために建てられたのがサクレクール寺院であり、フランス革命と共和国を肯定する立場の人々により建てられたエッフェル塔とは、政治的立場が逆になる。

サクレクール寺院の評判が悪いのは、このような政治的立場も影響しているのかもしれない。「坊主憎けりゃ袈裟まで憎い」という諺があるように、共和制支持者にしてみれば、カトリックの信仰を尊重するだけでなく、フランス革命や共和制を疑問視する人たちに建てられた教会など決して評価したくないだろう。

異端の形態

しかし政治的立場を置くとしても、サクレクール寺院はパリにある多くの教会と比べると、とてもカトリックの教会とは思えないような形をしている。フランスに限らず欧米では、教会とはキリスト教の施設を表す。モスクならイスラム教、シナゴーグならユダヤ教である。そして寺院すなわちテンプルとは、これら以外一般的には多神教の寺院、多くの場合ギリシアやローマ時代の宗教施設を言うようである。だから本来はサクレクール教会、あるいはサクレクール聖堂と言うべきである。しかしサクレクールの場合、とてもキリスト教の教会には見えない形なので、サクレクール寺院という日本での通称はかなり適した表現ではないかと思う。

それでは、誰がどのような考えでサクレクール寺院を建てたのだろうか。

サクレクール寺院を建立する資金が集まると、一八七四年にコンペが行われた。審査員にはオペラ座を設計したシャルル・ガルニエをはじめ当時の建築界の重鎮が名を連ねており、決して出来レースでもなければ、いいかげんに選んだわけでもない。コンペの結果、八十四案の中から選ばれたのはポール・アバディの案である。アバディはボルドーなど南西部で建築総監を務め、深い学識と共にかなり大胆な、時として批判を受けるような教会の修復をすることで知られていた。このようなアバディの経験や建築についての学識や造詣も、コンペで選ばれた理由のようである。

アバディがサクレクール寺院で取り入れたのは、ローマ・ビザンティン様式である。これは、東ローマ帝国の首都であったビザンティウムで発達した建築様式であり、大小のドームが多用されている。なお東ローマ帝国はオスマン帝国により十五世紀に征服され、ビザンティウムはイスタンブールとなる。このように、これまでフランスの教会建築で用いられたことのない、遥か東方の国の様式を用いたのであるから、カトリック教会とは思えないような外観になるのは当然である。ビザンティン様式自体は、キリスト教国であった東ローマ帝国の教会で用いられていた様式であるが、何しろフランスからみるならオリエントと言ってよい地域で用いられていた様式である。サクレクール寺院を見ていると、ここからコーランが流れてきてもおかしくない感じがする。実際、サクレクール寺院がタージマハールの隣に建っていても違和感がないように思う。

またアバディは、材料に白い石を用いて、白い外観とした。日本では、建築の外観についての規制は色彩を含めほとんどないので、日本の都市はどこでもあらゆる色に溢れていると言ってよい。このような国から見るなら、外観が白いということくらいでは別に驚くことも、違和感を持つこともないようである。しかしパリでは、教会も一般の建物もベージュの石で出来ており、外観はベージュであり、街並がベージュで統一されている。また屋根はすべて灰色に塗られており、高いところから見ると灰色の屋根がどこまでも続いている。このような色彩の統一されているパリで、一つの建物だけ外壁から屋根まで白いなら、著しく不調和なものになる。日本人なら何でもないサクレクール寺院の白い外観は、フランスの人たちには極めて異様に思えるようである。

エクレクティシズムの時代

このように見てくると、サクレクール寺院に対する拒否反応が強いのは、政治的な理由というよりも、教会というよりモスクを思わせるその外観と白い色によるものである。それでは、アバディはなぜこのような設計をしたのか。というよりも、なぜ審査員はアバディの案を採用したのだろうか。それには十九世紀の建築について考えていく必要がある。

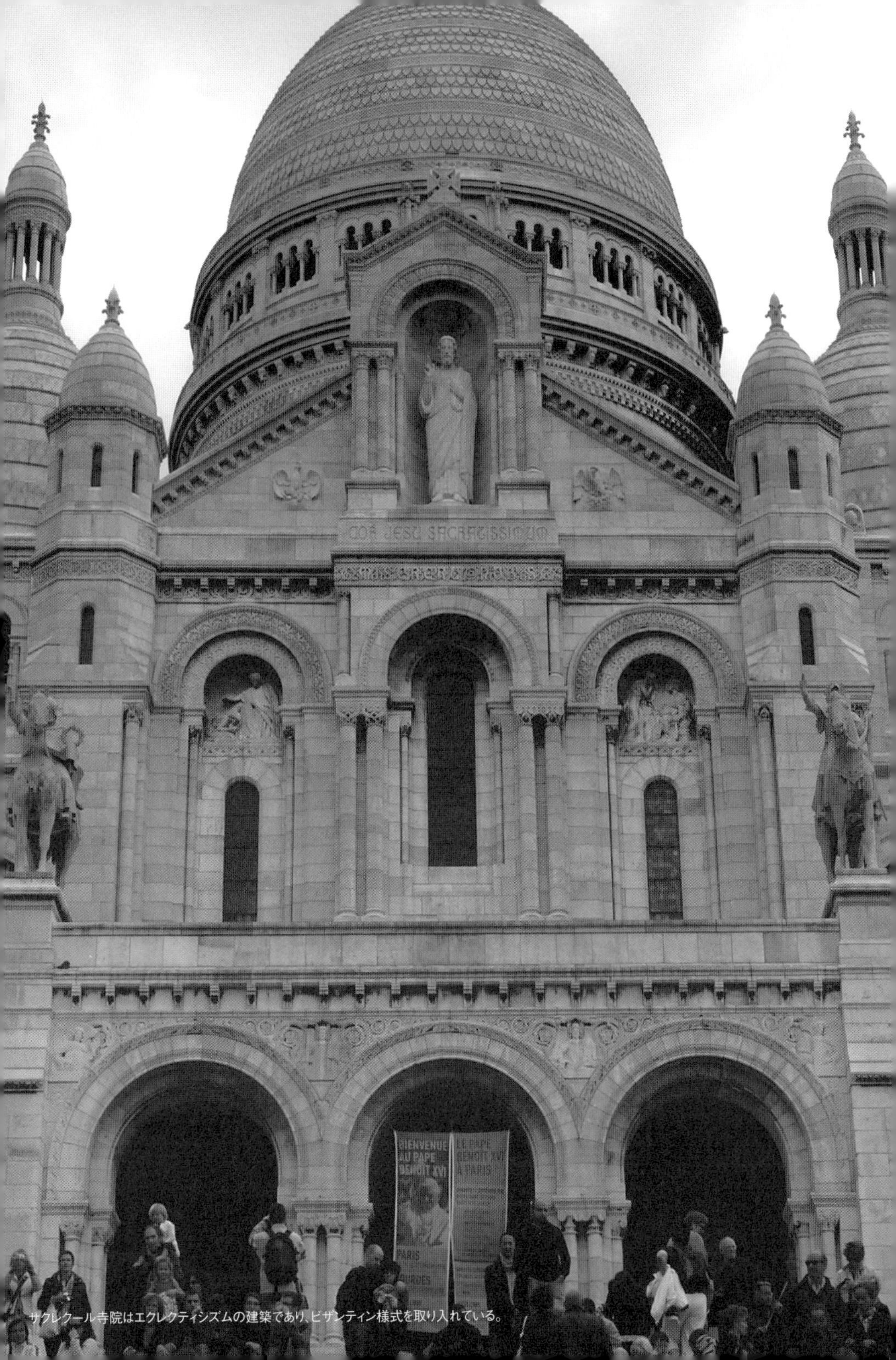

サクレクール寺院はエクレクティシズムの建築であり、ビザンティン様式を取り入れている。

歴史的に、教会建築には各時代に一定の様式があった。フランスでは十五世紀まで、ゴシック建築が用いられていた。これはパリのあるイル・ド・フランス地方が発祥の地であり、フランスを代表する様式であり、ノートルダム大聖堂や歴代国王の戴冠式が行われるランスの大聖堂などがある。

ところが十五世紀になり、フランスでもイタリアに続きルネサンスが興ると、教会建築でもギリシアやローマ時代の建築様式が模範とされるようになった。いわゆる古典主義建築と呼ばれるもので、教会建築にもこの古典主義が用いられるようになった。どうもヨーロッパでは古典というと、ギリシアやローマにまで遡るようである。

このような古典主義も十八世紀で終わることになる。それでは十九世紀になると新しい様式が現れたかというと、そうではない。十九世紀には、歴史が科学的に研究されはじめ、建築についても過去の様式が学術的に理解されるようになる。フランスの建築様式だけではなく、研究の結果ヨーロッパやオリエントの建築まで知られるようになる。いわば過去の様式が相対化され、コレクションのように建築家に紹介されるようになったわけである。それとともに技術の発達により、その気になればどのような様式の建物も建てられるようになった。

この結果、建築家は一つの様式に基づいて建物をつくる必要はなく、自分の好みの様々な様式を取り入れて設計をすることができるようになる。これが「エクレクティシズム」と呼ばれる折衷主義である。十九世紀では、新しい様式はまだ確立されず、建築家は過去の様式を組み合わせたり、あるいは研究により紹介された異国の様式を取り入れたりしながら設計を行うことになった。サクレクール寺院を設計したアバディも、コンペの審査員達も、このようなエクレクティシズムの時代に建物を設計していたのである。

こうなってくると建築家としての才能はもとより、建築の様式についての知識や造詣

がものを言ってくる。アバディがこのコンペに優勝したのは、建築や様式についての博学な知識が評価されたことも要因であると言われている。ちなみに最初に引用した言葉は、「残念なことにアバディの誰もが認める学識と卓越した技能は、まがい物としても、この時代の最悪の趣味の建築をつくる上で役立つことになった」という文の一部である。

時代に逆行

アバディが設計したのは、フランスで生まれたゴシック様式でもなければ、古典主義でもない、ビザンティン様式を取り入れているが、かといってビザンティン様式で統一したわけでもない。アバディはビザンティン様式を中心としながらも、過去の様々な建築様式を取り入れ、サクレクール寺院を設計したのである。さらに、これまでパリの教会建築では使われることのなかった白い石を用いたため、形だけではなく色彩についても、これまでに見たことのない教会建築となっている。

エクレクティシズムは、サクレクール寺院に限らず十九世紀の他の建築にも用いられている。エクレクティシズム最大の建築というなら、ガルニエの設計したオペラ座ということになろう。

オペラ座には、正面の列柱のように古典主義の要素もあれば、他のフランスの宮殿などで用いられた様々な様式も用いられている。ガルニエが、ナポレオン三世の妃に様式を訊ねられた時、「ナポレオン三世様式です」と答えたという逸話は、オペラ座の特徴をよく伝えている。

エクレクティシズムとは、独自の建築様式がないことを意味するもので、その時代における創造性が低いと解釈されよう。ただ、その時代の雰囲気を伝えることはできる。たとえばオペラ座は、十九世紀に生まれた独自の様式ではないものの、第二帝政時代の華やか

▲ガルニエのオペラ座はエクレクティシズムの代表的建築である。

▲オペラ座は第二帝政の華やかさを十分に伝えている。

さは十分表している。客席以上に広いホワイエや大階段の豪華絢爛たる意匠を見ると、当時の社交界の人々が着飾ってここに集う様子を今でも思い浮かべることができる。その意味で、帝国の再来を華やかに演出しようとするナポレオン三世の生み出した時代の風俗と、これを建築空間で表そうとしたガルニエの試みを、今でもオペラ座に見て取ることができる。

しかし同じエクレクティシズムでも、サクレクール寺院の場合はどうだろうか。熱心なカトリック教徒がいくら信仰の復興を呼びかけたところで、フランス革命により王制と共にカトリックの指導的役割が否定されてから百年を経た時、教会はもはや国民を統合する精神的支柱とはなり得ないのである。そうなると、建築を通して表そうとする共有する理念がない以上、エクレクティシズムも単に異国の様式や過去の様式の折衷により形だけをつくる手法になってしまう。

これに対しエッフェル塔は、当初の評価はさんざんであった。しかしこれを建てた共和国の理念は時代とともに定着して今日に至っている。また建設技術としても、石造りは衰退していったが、鉄骨は建設の中心となり、エッフェル塔の造形は世の賞賛を受けるようになった。

サクレクール寺院とエッフェル塔。両者を思うと、時代の流れに沿う建造物がある一方で、時代にそぐわない建造物のあることがつくづく実感される。

引用文献
＊1――Paris Architecture site et jardin, Seuil 1973, p.449
＊2――Paris Le Guide du patrimoine, Hachette 1994, p.414
＊3――Promenades historiques dans Paris, Liana Levi 1991, p.145

第三景
シャトレとサン・ルイ島
パリにもあった直交する空間

碁盤目状と放射状

交差点というと単に道路が交差する場所であるが、十字路というと道路が直交する地点のことだけでなく、「文明の十字路」とも言うように、異なった価値や文化が合流する所という意味でも用いられる。一般的には、どちらも同じような意味で用いられるようである。しかしパリの場合、交差点と十字路は決して同じではなく、交差点はあっても十字路を見かけることは少ない。というのは、パリが世界でも珍しい放射状の都市形態だからであり、道路は交差点から放射状に伸びることが多く、凱旋門のあるシャルル・ド・ゴール広場などは何と十二本の道路が放射状に伸びている。

このような都市形態のため、慣れないとパリの街を歩くのは難しい。これは我々日本人が碁盤目状の都市に慣れており、頭の中で無意識に直交座標ができているためかもしれない。たとえば、歩いていて交差点を左折し、さらに次の交差点を左折すると、つい元の道と平行な道を反対方向に歩いていると想像してしまう。しかしパリでは、道路は放射状になっているため、思わぬ場所に出てしまうことになる。

直交する道路形態の都市を日本では「碁盤目状」というが、フランスでもチェスの盤を表す「エシキエ(échiquier)」と呼んでいる。このような都市が日本でも世界でも多いようである。ちょっと思い出してみても、日本なら歴史のある京都や、あるいは明治になってできた新しい札幌、世界でも古代にできた北京や近代のニューヨークなど、まさに古今東西を問わず見受けられる。パリは放射状の都市形態を持つ珍しい例であるが、パリにも十字路や碁盤目状の都市空間があるということは案外知られていないようである。

碁盤目状の都市、リュテシア

パリの起源は、古代ローマ帝国が築いた「リュテシア」と呼ばれた都市である。この街はパリの左岸、現在のカルチエ・ラタンのあたりにあった。

ローマ人は各地に植民都市をつくったが、どれも一定の形式でつくられており、道路は碁盤目状をしていた。道路でも南北に走るものはカルド(cardo)、東西はデクマノス(decmanos)と呼ばれた。ニューヨークなどでも、南北道をアヴェニュー、東西道をストリートと区別して呼んでおり、道路幅も設置する間隔も変えている。あるいはリュテシアも、カルドとデクマノスとで、道路の性格が異なっていたのかもしれない。この点、日本では南北の道も東西の道も区別無く同じように「条」と呼び、北四条、東五条などと名付けられていたのとは対照的である。いずれにせよ、碁盤目状の都市が二千年も前にパリの左岸にあったとは、現在のパリからは想像できない。

リュテシアは三世紀以降、蛮族により破壊され、ローマ帝国の築いた都市としての形跡さえ留めなくなる。この上に中世のパリがつくられたのであり、ローマの都市が継承され、時代を追って発展してパリになったのではない。現在、カルチエ・ラタンの東部には、ローマ時代の遺跡である闘技場(コロッセウム)があるが、これはオスマンのパリ大改造の際、モンジュ通りをつくるときに発見されたものである。このような巨大な建造物が千数百年以上も埋もれていたわけであるから、いかにリュテシアの破壊が徹底的に行われたかが理解されよう。いわばリュテシアの地層の上に、パリが乗っているわけである。

それでも、リュテシアが碁盤目状の都市であったことを示す手がかりは残されている。南北道については、カルチエ・ラタンとシテ島とを結ぶサン・ジャック通りがカルドであることが分かっている。一方、東西道については、エコル通りがデクマノスであるとされる。両者のつくる十字路に面して、現在ソルボンヌ大学とコレージュ・ド・フランスが建っているが、ここはリュテシア時代も十字路であった場所である。しかし現在の十字路を見ただけでは、とてもリュテシア時代の碁盤目状の都市を想像することはできない。

現代の十字路

オスマンがパリ大改造を行い、多くのアヴニュやブールヴァールと呼ばれる大通りをつくる以前には、パリには一部を除き、狭く曲がった道しかなかった。いくら馬車しか乗り物がなかったとはいえ、真っ直ぐな道が通りやすいことは言うまでもなく、既に十七世紀にルイ十四世と重臣のコルベールは、パリを東西に横断する道路を構想していた。というのは、パリは昔から南北よりも東西に発展していたためで、曲がった道を何度も右折や左折をしないと東西の行き来ができないのでは不便であると感じたのは当然のことであろう。この構想を実現したのは二世紀後のナポレオンであり、一八〇二年にリヴォリ通りの建設に着手し、十年で完成させた。

ナポレオンは東西道だけでなく、さらに南北の軸となる道路を通し、両者が交わるパリの十字路を構想していた。南北道まではつくれなかったものの、十字路となる場所は決めていた。シャトレである。ここは、政治の中心であるパリ市庁舎と経済の中心である市場（レアル）の間であり、パリの交通の中心となるべき所であると判断したのである。この

▲パリの十字路には、サン・ジャックの塔と小広場（スクエア）がある。

場所には中世以来、グラン・シャトレと呼ばれる砦があったが、ナポレオンはこれを取り壊し、ここを将来のパリの十字路とするという既成事実を半ばつくってしまった。

実際の南北軸となる道路をつくり、十字路を完成させたのは、ナポレオン三世とその命を受けたオスマンである。ナポレオン三世は、鉄道の駅を都市に入る門と考えていたので、南北道の北の始点を東駅とした。ここから南にストラスブール大通り、セバストポール大通りと続き、シャトレにおいて東西道のリヴォリ通りと交差して、大十字路（grande croisée）をつくる。この南北軸はさらに左岸に伸びてサン・ミッシェル大通りに繋がり、現在でもパリの北部と南部を結ぶ大動脈となっている。

オスマンはシャトレ広場をつくっただけではなかった。ここにシャトレ広場を設置するとともに、サン・ジャックの塔の周辺にスクエアと呼ばれる小広場を設けることで、単なる十字路ではない、パリの中心地らしい広々とした空間とした。

また、シャトレ広場に向き合うように、パリ市劇場とシャトレ劇場を建てた。東西と南北を結ぶ道路により結ばれた場所なら、たとえ馬車の時代とはいえ、交通のアクセスのよいことは現代の車社会と変わりはない。ならば、アクセスのよい場所に多くの人が行きやすい劇場を建てたのは、当然といえよう。こうして劇場ができたことにより、ナポレオンが考えた十字路は、単なる交通の合流点だけでなく、政治と経済に加え、文化の中心地となったわけである。

見えない十字路

十九世紀から二十世紀、さらに二十世紀から二十一世紀になるにつれ、交通も馬車、地下を通るメトロや高速郊外鉄道（RER）、車へと移り、さらに近年では路面電車（トラム）も建設中である。このように交通手段は変化しても、シャトレはずっと東西、南北の交通の十

字路になってきた。ただ現在では、見えない十字路になってしまっている。

RERはパリと郊外を結んでいるため、駅の数はメトロに比べずっと少ない。このような数少ない駅の中で、東西の路線と南北の路線の十字路となっているのがシャトレの駅であり、隣のレアルの駅と結ばれ、「シャトレ-レアル」と呼ばれる地下の巨大な乗換駅となっている。

ここには、西のデファンス方面から東のユーロ・ディズニー方面まで、東西を結ぶRERのA線が通っている。一方、北のシャルル・ド・ゴール空港と南のオルリー空港という、南北の空の玄関を結ぶB線も乗り入れている。さらに北部と東南部を結ぶD線も通過している。

またRERとともに、パリ市内の東西、南北を結ぶメトロもここに集中している。まず西のシャルル・ド・ゴール広場、シャンゼリゼ大通り、東のリヨン駅を経てヴァンセンヌへと結ぶ、パリを東西に横断する一号線が通っている。さらに東西については、最も新しい路線である十四号線もシャトレを通過し、国立図書館を繋いでいる。一方、南北については、四号線と七号線が乗り入れている。このようにメトロにおいても、シャトレは東西と南北それぞれの路線が集中する乗換駅となっている。

こうして、ナポレオンが構想し、ナポレオン三世とオスマンが完成させたパリの十字路は、現在では地下にある見えない十字路として、パリの交通の中枢となっている。何しろRER三路線とメトロ四路線が乗り入れている広大な地下空間であり、移動のため動く歩道も二本設置されている。ここで乗り換えるには、頭上の案内板を見ながら長い距離を歩かないと、乗り換え路線のプラットホームには辿り着けないことが多い。パリの十字路を構想したナポレオンも、地下にこのような巨大な十字路ができようとは想像できなかったに違いない。

▲オスマンはパリの十字路に二つの劇場を建てた。これはシャトレ劇場。

▲クリストフ・マリーの名を残すマリー橋は、右岸とサン・ルイ島を結んでいる。

サン・ルイ島の開発

右岸のシテ島の近くに、メトロ七番線の「ポン・マリー」という駅がある。ポンとはフランス語で橋のことなので、ポン・マリーとは「マリー橋」という意味である。マリーは聖母マリアの名前であり、フランスで最も一般的な女性の名前の一つである。聖母マリアのことを「我々の婦人」を表すノートルダムと呼び、ノートルダム橋もつくられたので、マリア橋があってもおかしくはない。しかし、ポン・マリーのマリーとは姓で、シテ島を開発したクリストフ・マリーに由来するものである。

サン・ルイ島は、シテ島の東にありながら、十七世紀までは開発はもとより、名前も形も現在とは異なる島であった。それ以前、シテ島の東にはノートルダム島とヴァシュ島という大小二つの島があった。アンリ四世はこれらの島を開発することにして、橋を建設する会社、現在ならゼネコンの社長にあたるマリーに依頼した。

マリーは二つの島を結ぶ許可を得て、一六一四年にノートルダム島とヴァシュ島を結び付けたが、この島は引き続きノートルダム島と呼ばれ、サン・ルイ島という名称になるのは、それから一世紀以上も後の一七二六年のことである。

アンリ四世が暗殺された後、マリーは王の後ろ盾もないまま、独力でサン・ルイ島の開発を行うことになる。しかし資金が足りないため、プルティエとル・ルグラティエという、現在でいうディベロッパーに資金援助を仰ぐことになった。マリーが橋に名を残すように、この二人もサン・ルイ島を南北に縦断する道路の名となっている。

何しろ島とはいえ、実際にはセーヌ川にできた砂州であり、これを結び付けたうえ、浸水しないように河岸のある島をつくり、さらに道路をつくり、宅地にしようというのであるから壮大な計画である。おまけにマリーは、島に行くため右岸と左岸から橋を計画し

ていた。現在のように機械のない時代、石を一つひとつ積み上げた橋で結ばれた島をつくろうというのであるから、気が遠くなるような工事である。それを、王でも宰相でもない一建設業者が行おうというのであるから、常識的に考えても、工事期間やその間の資金が続くのか、疑問に思えるところである。

パリで最初の都市計画

マリーはサン・ルイ島を開発するため、東西に長いこの島を南北に一直線に縦断できるよう、橋と道路をつくることにした。すなわち右岸と左岸から橋を架けて、この間を結ぶ道路を計画した。このうち右岸とサン・ルイ島を結ぶ橋が、その後マリーの名を取ってポン・マリーと呼ばれることになる。

二本の橋を結ぶ道路は、ドゥ・ポン通りすなわち「二本の橋通り」と呼ばれ、サン・ルイ島を東西に二分した。この通りに直交して、サン・ルイ島を東西に横断するサン・ルイ・アン・リル通りがつくられ、サン・ルイ島には、東西と南北を通る道路により、まるで座標軸のような直交軸ができることになった。その後、X軸にあたるサン・ルイ・アン・リル通りから北側と南側に向かう道路が数本つくられた。こうして、碁盤目状とはいかないまでも、直交する道路により区画された、整然とした住宅地が形成されることになる。

サン・ルイ島の道路形態は、パリで最初の直交する道路によりつくられた。まだ誰も住んでいない土地ゆえ自由に道路をつくることができたのは確かであるが、それまでパリには曲がった道路しかなかったことを考えるなら、これは画期的なことである。パリの歴史上、最初の都市計画であると言われるのも、ある意味で当然である。

それでは、誰がこの計画を作成したのだろうか。一介の建設業者であったクリストフ・マリー個人に、このような開発を行うことが可能だろうか。

▲サン・ルイ島を東西に横断するサン・ルイ・アン・リル通り。

▲サン・ルイ島の南河岸には、ル・ヴォーの設計したバルコニーのある貴族の館が並んでいる。

サン・ルイ島の開発には、建築家のルイ・ル・ヴォーが深く関わったと言われている。ル・ヴォーは後に王室主席建築家となりヴェルサイユ宮殿の増築を行う人物で、ルーヴル宮の対岸に現在は学士院となっている四国学院を建てている。ル・ヴォーがその後、サン・ルイ島に移り住むことを考慮するなら、これは十分考えられることである。実際サン・ルイ島の計画では、二本の橋と道路が一直線に建設され、敷石を用いた道路が規則的につくられ、サン・ルイ・アン・リル通りの延長でシテ島とも木の橋により結ばれている。さらに、建設に用いる資材である切石の大きさまで決められていた。これらのことから、ル・ヴォーのような建築の専門家がこの計画に関わっていたと考えるのが妥当ではないかと思える。

ル・ヴォー自身、サン・ルイ島の南東部の河岸に住むことになる。そして、この新興住宅地の南側の河岸に、バルコニーのある多くの貴族の館を設計する。バルコニーのある建物の並んだ通りというと、すぐに思い出されるのはオペラ大通りである。この大通りの場合、道路が真っ直ぐなうえ、同じ階にバルコニーがあるため、バルコニーも一直線に揃い、整ってはいるが威圧的で権威主義的な感じがする。それに対して、サン・ルイ島の南側の河岸は緩やかなカーブを描いており、バルコニーの位置も建物ごとに異なるため、自由でゆったりした雰囲気を漂わせている。

サン・ルイ島のその後

クリストフ・マリーがサン・ルイ島の開発のため、橋の建設に着手したのは一六一四年であり、アンリ四世の後継者のルイ十四世が、橋の最初の石を置いた。何しろ橋は簡単にできるものではなく、完成したのは二十年以上も経った一六三五年である。当然のことながら橋がなければサン・ルイ島に渡ることはできず、土地も売ることができない。

▲ドゥ・ポン通りの奇数側（写真の左）の建物は、道路を拡幅するため二十世紀に建て替えられた。

しかし幸い橋が完成すると、それまでパリに見られなかった直交した規則的な土地は、好評を博すことになる。当時、隣のシテ島には王宮があり、近いこともあって、王に仕える官吏がここに土地を求めた。また、多くの貴族や台頭しつつあったブルジョワも、この整然と計画された宅地を取得することになった。こうして、マリーが無人の島につくり出した開発地は、高級住宅地へと発展していくことになる。

サン・ルイ島を除けば、パリには中世以来の狭く曲がった道路に建物が密集して建てられており、十八世紀には、日照や空き地の不足、それに非衛生であることが指摘された。このため十九世紀には、オスマンの大改造により広いブールヴァールが通されることで、多くの非衛生な街区が一掃されることになる。オスマンは、パリの各地にあるモニュメントを結ぶようにブールヴァールをつくったため、パリは現在見るように放射状の道路形態の都市になった。しかしサン・ルイ島に関しては、整然とした道路によりできた区画に建物が建てられていたため、このような改造の必要もなく、十七世紀の街並がほぼそのまま残されている。

歴史性という点では、サン・ルイ島もその対岸にあるマレ地区も十七世紀につくられた街であり、変わりはない。ただ異なっているのは、マレ地区が中世以来の道路形態を保ち、その古さゆえに近代になると多くの住民が立ち去ったのに対し、サン・ルイ島では、都市計画ともいうべき道路や宅地の整備が行われていたため、成立以来ずっと人を惹き付ける高級住宅地であり続けたことである。マリーの行ったサン・ルイ島の開発は、現代まで生き続けるものであったと言えよう。

このように十七世紀からの姿を基本的に保っているサン・ルイ島にも、二つの大きな変化があった。

一つは十九世紀、オスマンのパリ大改造の際、東側にアンリ四世大通りが通ったことで

▲シテ島とサン・ルイ島とは、マリーの開発当時から橋で結ばれていた。

ある。この大通りは、バスチーユから発してパンテオンのドームが道路上に見えるように計画され、サン・ルイ島の東の端を北東から南西へと斜めに通過している。幸い、島の先端部のため、都市形態にほとんど影響はないが、もしこの大通りが島の中央部を斜めに横切ったならば、パリにある唯一の直交した道路形態が失われることになったかもしれない。

もう一つの変化は、二十世紀に起きた。サン・ルイ島に架かる二本の橋の間にあるドゥ・ポン通りの拡張である。島と左岸を結ぶトゥールネル橋を、一九一二年に拡幅して建て替えることになり、ドゥ・ポン通りもこの橋の幅に合わせて十六メートルにすることになった。当時、島の道路はすべて七・八メートルになっていたので、拡幅するには大きな工事が必要とされた。

道路幅を拡げるため、道路の片側にある奇数番地の建物をすべて取り壊し、再建することになった。確かに両側の建物を建て替えることを考えるなら経費は半分で済む。しかしこの結果、道路の片側は十七世紀の建物、反対側は二十世紀の建物という、他に例を見ない街並になってしまった。この時期は、まだ鉄・ガラス・コンクリートが主流になる前であり、これらを用いた現代建築による建て替えでないため、今見る限りでは現代と過去とが向き合うような印象は受けない。石造りによる街並として、サン・ルイ島の他の通りとは変わらない姿を見せている。

パリというと放射状の都市の代表であるが、その中にあって、サン・ルイ島だけには十七世紀から直交する街並がつくられていた。その後パリでは、碁盤目状の街区はもとより、整然と計画された街並もつくられないままオスマンの時代を迎えることを考えるなら、改めてクリストフ・マリーの先駆性に感心せざるを得ない。パリで最初の都市計画を行った人物として、メトロの駅名に名を残すにふさわしい人物である。

第四景
ヴォージュ広場
パリにおける景観の誕生

ヴォージュ広場とオルドナンス

「パリらしい景観」と聞いた時、何を思い浮かべるだろうか。パリには様々な教会やモニュメントあるいは広場があるが、これらだけではパリの景観とはならない。いくら優れた歴史的建造物があったところで、その周囲の建物や街並が不調和なものであったら、歴史的建造物としての印象は薄くなるに違いない。

こう考えると、パリらしい景観とは同じような高さ、同じような様式の建物がつくり出す街並ということになると思う。リヴォリ通りやオペラ大通りが代表格であるが、それ以外にもブールヴァールと呼ばれる大通りなど、同じような建物が並んでいることが少なくない。このような街並は、日本を見れば分かる通り、個人が自由に建物をつくっていてはできるものではない。建物の高さや大きさはもとより、形態についての規制があって初めてつくり出せる街並である。

フランスでは、あらかじめ決められた形態や様式にしたがって一団の建物をつくることを「オルドナンス」という。特に、ファサードと呼ばれる建物の正面を統一することが求められるが、このオルドナンスが最初に適用されたのがマレ地区の一画に位置する

▲リヴォリ通りは、同じ様式の建物をつくること（オルドナンス）が厳密に適用された例である。

ヴォージュ広場である。パリの景観は、つくられた当時、ロワイヤル広場と呼ばれていたヴォージュ広場に始まると言えるのではないかと思う。

ヴォージュ広場は十七世紀初頭に完成した。パリにとどまらずフランスで最初の、同じファサードの建物により囲まれた広場であり、現在もほぼ四百年前と変わらぬ姿を見せている。ヴォージュ広場以前、イタリアはミラノの北にあるヴィジェーヴァノという町に、同じようにファサードを統一した広場があった。しかしヴィジェーヴァノの広場では、取り囲む建物が単調なのに対し、ヴォージュ広場の建物は石とレンガで変化のある魅力的な外観となっている。

モデルとなった橋

それではヴォージュ広場では、どのようにしてオルドナンスを守らせ、同一のファサードの建物をつくることができたのだろうか。

このことについては文書が残されていないので推測する他はない。最も考えられることは、当時あった同一のファサードからなる場所を参考にしたことである。実はこのような場所が、当時のパリにあったのである。ノートルダム橋がその場所である。

現在の日本では、橋の上に建物が建てられるというのは、ほとんど考えられないことである。しかし今もフィレンツェのアルノ橋やヴェネツィアのリアルト橋に残るように、以前のヨーロッパでは橋の両側に建物が建てられることは決して珍しくなかった。ちなみにパリで橋の上に建てられた建物が撤去されるのはフランス革命の三年前の一七八六年のことであるから、今から二百年ほど前のことでしかない。何しろセーヌ川を渡るには、渡し船に乗る以外は橋を通る他はないので、橋は人通りの多い場所であった。いつの時代にも人通りの多いところには店を構えたくなるもので、橋の上は店舗が並び商店街

▲ノートルダム橋。同じ様式の建物が橋の上に並んでいる。

のようになっていた。

ノートルダム橋の場合、左右に三十戸ずつ合計六十戸の同じ外観の建物が並んでいた。この橋は、王がパリに入城する際に通ったことで知られており、建物にも華麗な装飾が施されていた。それならば、この橋をヒントにして同じファサードの建物で囲まれた広場をつくろうと考えたことは十分予想される。

このノートルダム橋は、一四九九年にイタリア人のフラ・ジョコンドにより建てられたと言われている。ジョコンドは、ヴィジェーヴァノの広場をつくったダ・ヴィンチやブラマンテの仲間であった。ダ・ヴィンチについては今さら言うまでもないが、ブラマンテはローマにあるカトリックの総本山サン・ピエトロ大聖堂の設計者である。このような歴史に名を遺す建築家や芸術家により、史上初めて同一ファサードの建物に囲まれた広場がつくられたことになる。彼らの仲間が、今度はパリで外観が同じ建物の並ぶ橋をつくり、これを見たパリの人々がファサードを統一した広場を計画することになる。このような経緯でヴォージュ広場が建設されたものと推定される。いずれにせよ、広場が橋をモデルとして構想されたとするならば、日本人にとって意外な話ではないだろうか。

アンリ四世とパリの美化

ヴォージュ広場をつくろうとしたのは、アンリ四世である。高校で世界史を学んだ人なら、アンリ四世というとブルボン王朝の創始者であり、ナントの勅令によりプロテスタントを公認することで宗教戦争に終止符を打った王として覚えていることであろう。一方フランスの都市計画を研究する者からは、パリの美化に精力的に取り組んだ王であり、オスマンの次にパリの街に影響を与えた、という評価さえ受けている。

アンリ四世の行ったパリの美化の先駆が、ロワイヤル広場の建設である。ロワイヤル

広場とは「王の広場」という意味であり、この名称から分かるように、パリに壮麗な広場をつくり、王の威光を示すことを意図していた。ただ残念なことにアンリ四世は暗殺され、この広場を見ることはなかった。

なお「ロワイヤル広場」という名称は、フランス革命まで用いられた。フランス革命の際、当然「王の広場」という名称は廃止され、その後革命政府の納税義務を最初に果たしたのがヴォージュ県であったため、「ヴォージュ広場」と命名されることになった。本書では、一般に知られているヴォージュ広場を用いていくが、アンリ四世の意図を考えるならロワイヤル広場の方がずっとふさわしい名称である。

建物と広場の形態

ヴォージュ広場は、周囲を建物で囲まれ閉ざされているという点では、それまでの広場と同じである。しかしそれ以前の広場と大きく異なるのは、正方形をしており、同一のファサードの建物で囲まれていることである。各辺には九つの同じ外観の建物が整然と並んでいる。一つの建物を見ると、一階には四つのアーケード、二階と三階にはそれぞれ四列の窓、屋根には二種類の屋根窓が二つずつ並んでいる。開口部はすべて横に揃うだけではなく、アーケードから屋根窓まで縦にも揃っており、整然としていながらも、アーケードのアーチや二種類の屋根窓が変化を与えている。壁面は石とレンガであり、ベージュとオレンジ色が交互に現れて開口部を囲み、屋根は黒のスレートでそこに屋根窓が顔を出している。パリの建物のほとんどは壁面がベージュで屋根は灰色と地味な色彩なので、ヴォージュ広場のツートンカラーの壁面に黒い屋根はかなりカラフルであり、印象の強いファサードになっている。いくら広場を囲む建物のファサードを同じにしても、肝心のファサードの質が低いなら、広場としての魅力も失せるだろう。その点ヴォージュ

▲ヴォージュ広場はパリで最初につくられた、幾何学的な形で同一の建物に囲まれた広場である。

広場では、ファサードの構成と共に材料と色彩により、王の威光を表すのにふさわしい外観をつくりだしている。

このような同じ外観の建物をつくらせる上では、アンリ四世による強い指導があった。というより王の権力がなかったら、とても一般の人々にオルドナンスを強制することはできなかっただろう。まず北側にモデルとなる王のパビリオンが建てられた。パビリオンと聞くと万博の展示施設を真っ先に思い浮かべるようであるが、ここで言うパビリオンとは棟のような長い建物の中で、ひときわ高く大きな部分のことである。この王のパビリオンの外観に合わせて建物をつくることを条件に、市民に土地を売却した。ファサードについては図面までが与えられ、こうして現在見るように同じ外観の建物が並ぶことになる。

この際、ファサードについては図面の通りにつくることが求められたが、それ以外は自由に建てることができた。そのためそれぞれの建物は、間取りはもとより大きさも異なっている。ヴォージュ広場の南東の一角にヴィクトル・ユーゴー記念館があるが、平面図を見ると、何カ所も広場から反対側に突き出ており、突き出た部分の間が中庭になっている。これは他の建物でも同様であり、ヴォージュ広場の航空写真を見ると、ヴィクトル・ユーゴー美術館と同様に、整然としたファサードの反対側に突き出た部分がたくさん見られる。普段、広場側から同じファサードの並ぶ整然とした姿しか見ていないため、つい反対側も同じように一定であるかのように想像してしまうので、空から撮った写真を見るとヴォージュ広場の裏の顔が見えて面白い。

北側のパビリオンに向かい合って、南側の中央にも女王のパビリオンが建てられた。このように南北の棟の中央により高い建物があるため、広場は単調な景観となるのを免れている。それと共に、北の王のパビリオンと南の女王のパビリオンとを結ぶ中心軸の

北側に王のパビリオンが建てられ、土地を買う人々にこれと同じ様式で建てることを求めた。

ようなものが感じられる。もし全ての建物が同じ大きさで、一列九戸の建物を正方形に配置していたら、単調になるだけではなく、方向の感覚が無くなるのではないかと思う。

歴史の中の変化

幸いヴォージュ広場は完成時の形をよく残しているが、それでも歴史の中で変化を受けている。

ヴォージュ広場は一六一二年、暗殺されたアンリ四世の後継者となったフランソワ十三世のもとで完成した。この時広場には、現在のように木々もなければフランソワ十三世の像もなく、石畳だけが広がっていた。この広場の中で、フランソワ十三世は完成を祝う騎馬パレードを行っている。ヴォージュ広場も完成した当時はイタリアの広場と同様、内部には何もなかったということは、その後のフランスの広場の変化を考えるうえで銘記すべきことである。

その後一六三九年、広場の中央にフランソワ十三世の像が建てられた。この時初めて、周囲を同じファサードの建物に囲まれ中央に王の像が建つ、というフランス式広場が姿を現したのである。これはフランスが生み出した新しい広場の形であり、それ以降広場の原形となるだけでなく、パリの都市空間に大きな影響を与えることになる。

一方、一六八二年には、広場の周囲に柵をつくり内部に木を植えて、現在のような公園に近い姿となる。ヴォージュ広場は完成以来、市民がそぞろ歩きをする人気の場所となった。そのため、広場に佇む人に緑陰による潤いや憩いの場を与えようと、木々を植えることになった。この結果、中央に置かれたフランソワ十三世の像はもとより、周囲のファサードを統一した建物も木々で隠されることになった。せっかくフランス式広場が完成したのにもかかわらず、ヴォージュ広場はヴォージュ公園のようになってしまったので

▲中央に王の像が建てられ初のフランス式広場となったが、その後植樹され公園のようになった。

ある。

しかしヴォージュ広場の影響は大きく、広場だけではなく通りにおけるファサードの統一へと結び付いていく。こうしてパリに特有の、オルドナンスのある街並が形成されることとなる。

ヴォージュ広場の歴史的意義

ここでやや専門的になるが、ヴォージュ広場の歴史的意義について考えてみたい。広場については、十九世紀にカミロ・ジッテが『広場の造形』を著している。この本の中でジッテは、歴史的に形成されてきた広場の芸術性を評価する一方、オスマンのパリ大改造などに見られる十九世紀の都市整備における美学の不在を批判している。ジッテはイタリアや北ヨーロッパの広場の称賛すべき点を要約しているので、これらとヴォージュ広場を対比させてみたい。

まず広場の中央を空けておき、端にモニュメントを置くことをジッテは指摘している。確かにイタリアの広場に行くと、広場は石畳で覆われており、木もなければ像も置かれておらず、まったくガランとしている。このような広場にはオープンカフェが傘の花を咲かせており、多くの市民がここに座って、端にある教会のファサードを横目に見ながらカフェを飲み、食事をしている。

また、広場の形は不規則で構わないことをジッテは述べている。伝統的な広場が不規則なのにもかかわらず芸術的なのに対し、近代の建築家や都市計画家が、製図板にコンパスや定規を用いて設計する広場や道路は美しくないと主張している。実際イタリアの広場に行ってみると、ガイドブックに載っている地図では不規則な形をしていても、決して整っていないという印象は受けない。ジッテは実際に広場を見ること、すなわち経験を通して広場の形について述べており、言われてみると確かに頷けることである。

さて、このようなジッテの広場についてのテーゼからヴォージュ広場をみるとどうであろうか。

ジッテの主張する、広場の中央を空けておく原則については、ヴォージュ広場の完成時には合致していた。ところが後に中央にフランソワ十三世の像が建てられるに及んで、ジッテの原則を真っ向から否定することになる。その後パリでは、このような広場の形式が一般化していき、広場の中央に王の像を建てるだけではなく、シャルル・ド・ゴール広場の凱旋門のように、ロン・ポワンと呼ばれる道路が放射状に出る円形広場にもモニュメントが置かれるようになる。

それでは広場について、内部を空けておくべきなのか、それとも中央にモニュメントを置くべきなのか。これはどちらが正しいというのではなく、広場の形によるものではないだろうか。歴史的に形成されてきた不規則な形をした広場では、およそ幾何学的中心などは分からないので、端に教会などを配置して広場のどこからでも眺められるようにすることが望ましいようである。一方、ヴォージュ広場のように幾何学的な広場では、広場に立ったときに中心が強く意識されるので、ここにシンボルとなるようなモニュメントが必要とされるのではないか。

次に、広場は不規則な形でもよいとするジッテの主張に対しては、ヴォージュ広場は正反対の立場にある。広場の形はどのようにあるべきなのか。不規則でよいのか、それとも幾何学的な整った形が好ましいのか。

この広場の形についても、どちらが適切であるかという問題ではないと思う。形については、広場を取り巻く建物のファサードと関連しているのではないか。たとえばイタリアの不規則な形の広場について、周囲の建物のファサードが統一されていたらどうだろうか。逆に正方形のヴォージュ広場を囲む建物のファサードがそれぞれ異なっていたら、どのような印象を与えるだろうか。こう考えると、イタリアの広場のように周囲の建物がそれぞれ異なっているなら、広場の形は不規則でも構わないが、ヴォージュ広場のように同じファサードの建物に取り囲まれている場合には、幾何学的な規則的な形でないと釣り合いが取れないことが理解されよう。

パリの景観への影響

要するに広場には二種類ある。一つはイタリアや北ヨーロッパに見られる伝統的な広場であり、そこに住む人々が経験、さらに言うならば暮らしの中の知恵や美学により、歴史を通して経験的につくり上げてきた広場である。広場は不規則な形をしていて、周りを取り囲む建物もそれぞれが異なっており、何よりもモニュメントが端に置かれている。もう一つは、ヴォージュ広場のように計画的につくられた広場である。形を計画し、周囲の建物のファサードを計画し、後には中央に王の像を建てることを計画している。いわば理性により、幾何学的で規則的な空間を創造している。これはジッテが否定しようと、新しい広場であり、新しい空間のあり方である。

パリではヴォージュ広場以降、このような理性に基づく空間の整序と美化が受け継がれてきた。その意味でヴォージュ広場の誕生は、単にパリの街並におけるファサードの統一ということに尽きない大きな意味を持っていると言えよう。

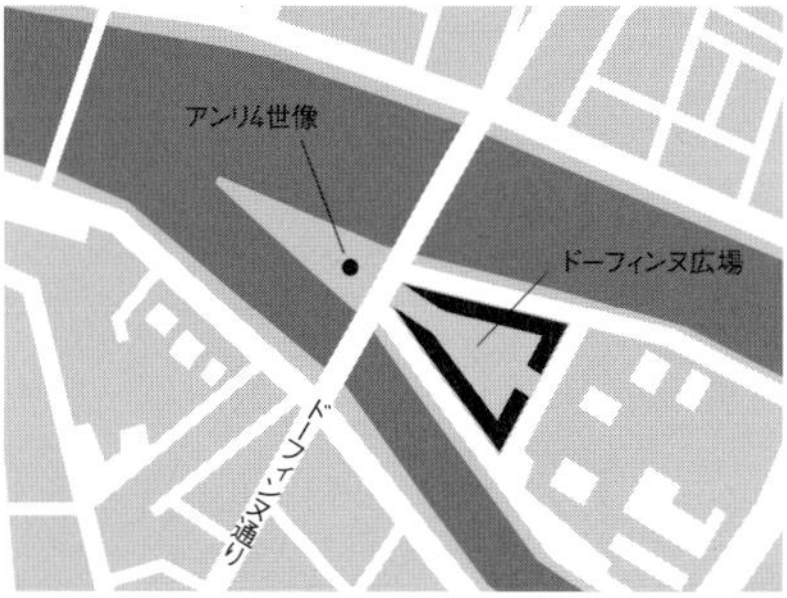

第五景
ポン・ヌフとドーフィンヌ広場
アンリ四世によるシテ島の美化計画

アンリ四世の構想

パリを流れるセーヌ川には三十二本の橋が架けられているが、最も有名なのは、シテ島に架けられたポン・ヌフであると言ってよいだろう。名前の意味は「新しい橋」であるが、ポン・ヌフは現在パリにある橋のうち最も古い橋である。そのうえパリ発祥の地であるシテ島に架けられ、しかもセーヌ川に浮かぶ全景をシテ島とともに見ることができる。ポン・ヌフがパリを代表する橋になっているのは、その歴史性とともに、この景観によるものであると思う。

ポン・ヌフは、一つの橋というよりも、シテ島と右岸を結ぶ部分と左岸を結ぶ部分の二本の橋により成り立っている。この二本の橋の間、橋に通じる道路上にアンリ四世像が建っているのであるが、なぜここにブルボン朝の創始者の像があるのか、立ち止まって考える人もいないようである。このアンリ四世像と向き合って、ドーフィンヌ広場が忘れられた存在であるかのように静かに佇んでいるが、これにも気付くことなく通り過ぎる人が多い。また、ポン・ヌフは左岸でドーフィンヌ通りに通じているのであるが、この通りに向かう人は稀で、ほとんどの人は右折するか左折をして、セーヌ河岸を行くようであ

る。ポン・ヌフと比べれば、ドーフィンヌ広場もドーフィンヌ通りもほとんど知られていないが、実はこれらは一体となって計画されたのである。

ヴォージュ広場をつくったアンリ四世は、対となる同じような広場をつくろうと思っていた。既にポン・ヌフを架ける計画があったので、アンリ四世はこの計画と結び付けることを考えた。さらにシテ島の西部に河岸をつくることで、整備の遅れていたこの場所を総合的に美化するだけでなく、ポン・ヌフが左岸に達した後、これに接続する道路も計画した。アンリ四世は今から四百年前に、シテ島の西部について壮大な都市計画を構想していたのである。しかし現在では、ポン・ヌフだけが有名なのは残念なことである。

ポン・ヌフ

ポン・ヌフはアンリ四世の治世下、一六〇六年に完成した。ポン・ヌフで特筆すべきは、橋の両側に建物が建っていないことである。というのは、当時の橋にはみな両側に建物が並んでおり、ノートルダム橋などは両側に同じファサードの建物が並んでいたため、ヴォージュ広場のモデルになったほどである。当時セーヌ川を渡る方法は、橋を通るか渡し船しかなかったため、人通りが多い橋は店を出すには絶好の場所であった。

このような時代にあって、アンリ四世がなぜ建物のない橋をつくったのかについては資料がなく、真意は不明である。ただし橋の形態から、どのような意図でつくられたのかという推測はできる。

ポン・ヌフには左右に歩道が設置されている。ということは、馬車での往来とともに、歩行者が安心して通れることを考えていたわけである。また十ある橋脚の上には両側に半円形の張り出し部分を、まるで橋の途中で休憩する場のように設けている。現在なら、観光客が橋から風景を眺めたり、ここに腰を下ろして休むこともできようが、当時の日々

▲シテ島と右岸を結ぶポン・ヌフ。

の生活に追われている人々にとっては、景色など楽しむ余裕はなかったに違いない。いずれにせよアンリ四世は、商店の立地には最適な橋を、歩行者が余裕を持って渡れる場所として計画したことになる。これは、パリで初めて景色を見渡せる橋をつくったことでもあり、観光のためにパリを訪れる現代の我々へのプレゼントとなった。

せっかくアンリ四世が建物のない橋をつくったのであるが、次のルイ十三世の治世である一六四〇年には、商人の強い希望もあり、アンリ四世像の前以外なら露店を出してよいことになった。それまで、アンリ四世は商人の圧力に屈することなく橋に店舗を建てさせなかったわけであり、ポン・ヌフをつくるにあたりよほど強い意志を持って臨んだに違いない。

それからほぼ一世紀後、一七五六年に露店は撤去されることになる。しかし、そのわずか二十年後には、半円形の張り出し部分に石造りで店舗がつくられることとなった。この店舗も長い間存続し、撤去されるのは十九世紀の半ば、オスマンのパリ大改造の時である。

こうしてみると、ポン・ヌフがつくられてから四百年経つが、その半分のほぼ二百年間は橋の上に露店や店舗があったことになる。ポン・ヌフを渡る時に、いつの時代にもセーヌ川の景色を見渡せたわけではないのである。

ドーフィンヌ広場

アンリ四世は、右岸にヴォージュ広場をつくった後、これと対を成す広場を計画した。このように対となる建物や広場をつくることは、その後の王や皇帝に受け継がれ、パリの美観整備の特徴となる。新たな広場として選ばれた場所は、ポン・ヌフが計画されていたシテ島の西部である。橋は人が多く通るので、その近くに人の集まる広場をつくるうえ

▲ポン・ヌフにつながる道路上、ドーフィンヌ広場の入口の前方にアンリ四世像は設置された。

では好ましいと考えたわけで、こうしてポン・ヌフと広場の双方を考慮したシテ島西部の美観整備が行われることになる。

この広場は、「ドーフィンヌ広場」と名付けられた。ちなみにフランス語で王子のことをドーファンと言い、ドーフィンヌはこの女性形で、広場が女性名詞であることからドーフィンヌ広場となった。この場合、ドーファンとはアンリ四世の王子、後のルイ十三世のことである。

ドーフィンヌ広場はヴォージュ広場と同じ様式で計画された。幾何学的な形態をしており、オルドナンスにより同じ形式のファサードで外観を構成している。なお、ここでもヴォージュ広場と同様、中央に王の像を置くことは考えられていない。

広場の形態としては、シテ島の西側は先端部に行くほど細くなるという地形を考慮して、細長い二等辺三角形となった。西側のポン・ヌフの方に向いた頂点の部分が開くとともに、東側にある底辺の中央も開いており、この二カ所が広場への入口となっている。パリでつくられた広場の中で、最も幾何学的な形の広場といえよう。

ドーフィンヌ広場はヴォージュ広場に倣ってつくられたため、類似したオルドナンスを用いている。開口部を見ても、一階はアーチになり、二階と三階は窓、その上が屋根窓となっている。材料も二、三階部分は石とレンガでツートンカラーの鮮やかな色彩となっており、その上に黒いスレートの屋根が乗るという、ヴォージュ広場のオルドナンスとそっくりである。

ただひとつヴォージュ広場と大きく異なることがある。それは、広場の内側だけではなく、外側にもオルドナンスが適用されたことである。ヴォージュ広場では、外側については、ファサードどころかそれぞれの建物の平面の形も統一されておらず、建物ごとに凸型に外側に突出している。これに対して、ドーフィンヌ広場では、外側は北側でも南側で

▲ドーフィンヌ広場とポン・ヌフは一体となって考えられた。

もセーヌに面しているので、内側と同じオルドナンスによりファサードを統一している。その後、パリでつくられることになるヴィクトワール広場もヴァンドーム広場も、ファサードが統一されているのは内側だけであるから、ドーフィンヌ広場だけがパリでつくられた広場のうち、唯一外側までファサードが統一された広場であった。

このように建物の内側と外側でファサードを統一するため、敷地を十二の大きな区画にして分譲した。ところが思うように土地が売れないため、アンリ四世は土地を小さく分割することを認めざるを得なかった。敷地の大きさが変わるということは、建物の幅が変わることであり、せっかくオルドナンスを定めたにもかかわらず、広場を構成する外観は内側も外側も開口部の列が不規則になった。これがドーフィンヌ広場の最初のつまずきとなる。

ドーフィンヌ広場の変容

現在のドーフィンヌ広場を見ると、かつて内側も外側もすべて同一のファサードで統一されていたとは信じられない。わずかにポン・ヌフに面した入口の両側の建物だけが、石とレンガによりベージュとオレンジ色のファサードをつくり出している。これ以外の建物については、四百年の間、ここに住む人々が思い思いにファサードをつくり変えてきた。こうして現在では、フランス式広場の何よりの特徴であるファサードを統一した外観が、内側でも外側でも失われてしまった。

その後、パリの都市計画では軸線を用いることが主流となる。これはオスマンのパリ大改造まで続くことになる流れで、現在のパリも軸線の美学でつくられていると言ってもよい。このような都市計画の手法が中心になってきたうえ、ドーフィンヌ広場はファサードの統一性を次第に失ってきたため、廃れるようになってしまった。何しろルイ

▲現在のドーフィンヌ広場では、入口にのみ最初のファサードが遺されている。

十五世広場（現在のコンコルド広場）のコンペの際に、ドーフィンヌ広場を敷地とする案が出されるほどであった。

見捨てられたようなドーフィンヌ広場に、さらに災難がやってきた。一八七四年にシテ島の高等法院を拡張する際、ドーフィンヌ広場の東側にある二等辺三角形の底辺部分が、すべて取り壊されたのである。この結果、単に幾何学的な形態を失っただけでなく、「閉ざされた空間」という、広場を成り立たせる最低限の条件さえ失うことになる。

かくして、ヴォージュ広場と対を成す広場として構想され、内側だけでなく外側までファサードが統一されたドーフィンヌ広場は、かつての整然とした形態をすっかり失い、今ではシテ島の西に、広場とも思えぬ姿を見せている。

アンリ四世像の設置

シテ島の西の先端部をポン・ヌフが南北に横断し、その東側にはドーフィンヌ広場が、まるで楔《くさび》を打ち込むかのように、細長い二等辺三角形の頂点をポン・ヌフに向けてつくられた。こうなると、両者の交点にモニュメントを置こうとするのがフランスの都市計画における幾何学的精神というものである。このモニュメントになるのがアンリ四世像であり、ドーフィンヌ広場の頂点にある入口に向き合うように、一六一四年に設置される。この時既に、アンリ四世はこの世にはいなかった。

ポン・ヌフやヴォージュ広場など、今もパリの名所となっている場所を遺したアンリ四世は、一六一〇年に暗殺された。亡き夫のため、妻のマリー・ド・メディシスは、アンリ四世像を、自らの出身地であるフィレンツェでつくらせることにした。というのは、当時まだフランスにはブロンズでこのような像をつくる技術はなく、このメディチ家出身の王妃は、フランスに先駆けてルネサンスを迎えた母国に制作を依頼したのである。このア

ンリ四世の騎馬像は、パリで最初のブロンズ像であるとともに、公共の場に置かれた最初の像であった。ポン・ヌフもドーフィンヌ広場もアンリ四世の命でつくられたので、像を置く場所としては、両者を結ぶ場所が最もふさわしい所だったであろう。

後にヴィクトワール広場、ヴァンドーム広場が王の像を中央に置くために計画されることになるが、ドーフィンヌ広場については、当初からこの位置に像を置くことを予定していたわけではない。アンリ四世像は、広場やポン・ヌフとは関係なくマリー・ド・メディシスにより個人的につくられたもので、像が完成してパリに届いた後に、置く場所が決められたのである。

パリで「広場」というと、どうしても王の像と結び付いて連想されるようである。このためドーフィンヌ広場についても、広場から見た王の像を考えることになる。しかし実際ドーフィンヌ広場の中からこのアンリ四世像を見ると、二等辺三角形の頂点にあたる狭い入口の先に、広場に比べるとずっと小さく見えるに過ぎない。また、像が見える場所も広場のほんの一部で、それ以外の場所からではまったく見えない。

アンリ四世像については、広場の中からではなくシテ島の河岸、特に南側のオルフェーブル河岸からの眺望を考えて設置された。ドーフィンヌ広場は内側だけではなく、外側についてもファサードが統一されている。したがって広場の外側にあたるシテ島の河岸から見ても、ベージュの石とオレンジ色のレンガにより構成される統一されたファサードの建物が続いており、この先にアンリ四世像を置くことが考えられた。このように、パリで最初に王の像が設置されたのは、広場の中ではなく開放的な河岸の側であった。それとともにドーフィンヌ広場との関係も考えられ、現在見るように、広場の入口の向かい側に設置されることになった。

▲ドーフィンヌ広場の中からは、アンリ四世像は小さくしか見えない。

▲ドーフィンヌ通りの入口にある、ファサードを統一する上でモデルとなった建物。

ドーフィンヌ通り

アンリ四世はまた、ポン・ヌフを延長した左岸に、パリで初めてのファサードを統一したドーフィンヌ通りを計画した。ドーフィンヌ広場と同じように、石とレンガの躯体、スレートの屋根という材料により、左右の建物のファサードが統一された通りを、ポン・ヌフから南のサン・ジェルマン地区までつくろうというのである。しかし広場のように、オルドナンスを道の両側に住む人々に守らせることはできなかった。

結局、現在のポン・ヌフから続くドーフィンヌ通りの入口部分に、モデルとなる建物がつくられただけであった。現在遺されているこの建物を見ると、一階はアーチとなっており、その上に三層の住居部分、そしてその上に屋根があり、ドーフィンヌ広場の建物よりも一回り大きい。このファサードの建物が両側に並んだなら、さぞ壮麗な通りになっていただろうと想像される。

パリにおいて、ナポレオンにより最初のオルドナンスが厳格に守られたリヴォリ通りがつくられるのは、十九世紀の初頭である。したがってアンリ四世は、ナポレオンより二世紀も早く、ファサードの統一された通りを計画したわけである。実現はされなかったものの、これを構想したアンリ四世の都市の美化における先駆性には驚かされる。もし暗殺されなければ、パリに何を遺すことになったのだろう、と思わずにはいられない。

ドーフィンヌ通りについては、オルドナンスは守らせることはできなかったものの、当時としては考えられないような広い幅の道路をつくることはできた。何しろ、当時のパリは中世から続いていた街並のままであり、ル・コルビュジエが「ロバの道」と揶揄したような、細い曲がった道しかなかったのである。現在では、ドーフィンヌ通りは狭いために南から北への一方通行であり、ポン・ヌフを通過してきたバスもここで左折することになるが、当時の道としては稀な広さであった。パリでドーフィンヌ通りよりも広い道がつくられるのは、ルイ十四世がバスチーユから現在のマドレーヌ教会までの都市壁を取り壊し、その跡にグラン・ブールヴァールをつくった一六六〇年である。これを思えば、いかにアンリ四世のつくったドーフィンヌ通りが広かったが分かろうというものである。

グラン・ブールヴァールができたとはいえ、この並木道はパリの北の街はずれにあった。その外側は農村部であり、それ以降カフェやキャバレーができて栄えるようになるにせよ、そこは風紀の乱れた場末であり、パリの中心とはほど遠い世界であった。パリの中心部にあるドーフィンヌ通りは十八世紀まではパリでも華やかな通りとして知られ、一七六三年には反射鏡付き石油ランプの実験が行われている。しかし、パリに次々と人気の場所ができてくると、ドーフィンヌ通りは急速に色褪せることになる。現在では名前さえほとんど知られていない一方通行の通りとして、静かにポン・ヌフに入口を向けている。

変わるもの、変わらないもの

ポン・ヌフはパリで最も古い橋として、四百年前の姿をセーヌに映している。しかし、このパリで最初の建物の乗ってない橋も、四百年の歴史のうち半分は、橋の両側に露店や店舗があったのであり、決してつくられた当時のままの形を現在まで保ってきたわけではない。

一方、ポン・ヌフと向き合うようにシテ島の西につくられたドーフィンヌ広場は、歴史の荒波の中で、統一されたファサードも幾何学的な形も失い、わずかに入口の両側にファサードの原形を残すに過ぎない。ポン・ヌフを渡る人も、セーヌ河岸を行き来する人も、ここに内側だけでなく外側までファサードの統一された、パリで唯一の広場があったことなど思いもよらないように通り過ぎていく。

せめてポン・ヌフのアンリ四世像を見るときには、シテ島の西に橋と広場、さらにファサードが統一された通りまでを含む壮大なパリの美化計画を構想した王のいたことを思い起こして欲しいものである。

第六景
ヴィクトワール広場とヴァンドーム広場
フランス式広場の完成

広場と王の像

アンリ四世はフランスで初めて幾何学的な形態で、同一のファサードの建物で囲まれたヴォージュ広場をつくった。しかし広場の中央に王の像を置くことは考えておらず、フランソワ十三世の像が建てられたのは、広場が完成してから後のことである。これは、ドーフィンヌ広場でも同様である。要するにアンリ四世が思い描いていたのは、幾何学的な形態をしていて周囲を同じ様式の建物で囲まれた広場であり、広場の中については イタリアの伝統的な広場と同様、石畳が広がるものとしか考えていなかった。

ところが「太陽王」と呼ばれたルイ十四世が登場する十七世紀になると、広場の主役は中央に建てられる王の像になる。一方、広場を取り囲む様式の統一された建物は背景となり、広場の脇役になる。「朕は国家なり」と言ったルイ十四世なら、自らの像が広場の中央に置かれるべきであると考えるのは当然かも知れない。いずれにせよ、ルイ十四世の像を中央に据えるヴィクトワール広場とヴァンドーム広場により、フランスオリジナルと言ってよい広場が誕生することになる。

この「フランス式広場」と呼ばれることになる、統一されたファサードの広場の中央に王の像を置く広場も、はじめから両者を一体のものとして計画したわけではなかった。ルイ十四世の絶頂期の一六七八年、フイヤード元帥は王に取り入ろうとしてルイ十四世の像を制作させた。さらにこの像を置く土地を提供して、建築家に広場の設計を依頼した。このようにしてできたのがヴィクトワール広場であるが、成立の経緯を見れば分かるように、まず王の像を制作し、次にこれを置く場所として広場が考えられている。このことからも、ヴィクトワール広場の主役が何であるかが分かるだろう。

マンサールとヴィクトワール広場

ヴィクトワール広場を依頼された建築家は、王室主席建築家であったジュール・アルドゥアン＝マンサールである。マンサールと聞くと、北海道の牧場にあるサイロの屋根が「マンサール屋根」と呼ばれていることを思い出す人もいるだろう。マンサール屋根は、サイロにみるように屋根が途中で折れて角度が変わるため、「腰折れ屋根」とも呼ばれる。このような名称の由来は、ジュール・アルドゥアン＝マンサールの大叔父にあたるフランソワ・マンサールがパリの建物の屋根裏にこのような屋根を多用したことにあると言われる。フランソワ・マンサールがフランス古典主義建築を代表する人物であるなら、一方ジュール・アルドゥアン＝マンサールは、ヴェルサイユ宮殿の計画を引き継ぎ、鏡の間をつくるフランスの建築史上に輝く建築家である。ところが日本では、このような二人のフランスの大建築家の名が屋根の名称になったのは、何とも皮肉なことである。

マンサールが設計したヴィクトワール広場は一六八六年に完成する。この広場は、ほぼ円形をしている。しかしマンサールは当代随一の建築家であり、円形の広場をつくりその中心にルイ十四世の像を置くような、誰でも考えそうな計画はしていない。大体、円を用いると、どこが前であるか後ろであるか分からない。そこでマンサールは、円の一部を直線にして、この直線部分を背景にしてルイ十四世像を配置している。

さすがマンサールである。像の背後にある建物が曲面でなく平面になっている方が、像を見るうえで望ましいことは言うまでもない。また広場をこのような形にすると、背景となった平面の部分が舞台で円形の部分が観客席になる、という構図ができてくる。円の一部を切り取ることにより、広場の正面と背後が感じられるようになるわけで、当然ルイ十四世像は、正面である円形の観客席を向いて設置された。

広場を囲む円形部分の建物は、ヴォージュ広場と同じように一階がアーケード、二階と三階が窓で、その上に屋根窓が付いている。ただヴォージュ広場が四列のアーケードや窓の列で一つの建物を構成して、屋根の形によりはっきり表されたのに対し、ヴィクトワール広場ではアーケードと窓の列がずっと続いている。一方、ルイ十四世像の背後には、二つの貴族の館があり、単調な円形部分と対峙していた。円形部分と直線部分のファサードが異なるというのも考えた演出である。

ヴィクトワール広場において何よりの問題は、ルイ十四世の像の大きさと広場の広さとの関係である。ルイ十四世像の騎馬像の高さは十二メートル、これに対して広場の半径は三十九メートルである。広場の端から見るなら、像の高さの約三倍の距離、角度にして十八度で見ることになる。

ちなみに建物を見る位置について、「メルテンスの法則」と言われる経験則がある。これによると建物を見るうえでは、建物の高さから二倍離れた場所が最もよく見えるとされる。高さの三倍離れると建物の周囲を含め絵画的に見え、一方高さと同じ距離から見ると建物の細部（ディテール）がよく見えると言われる。この法則からするなら、ヴィクトワール広場は像の高さに対して広すぎるということになる。ただ、像はヴォリュームがあるうえ中央に置かれ、広場が完成した時は柵により囲まれていた。また見る人が常に

▲ヴィクトワール広場の周囲は駐車場となっており、ルイ十四世像を端の歩道から見ることになる。

広場の端にいるとは限らないので、むしろ広場は小さすぎるという指摘さえある*1。

さて、現在のヴィクトワール広場の印象はというと、まず像は竣工時よりも小さなレプリカに置き換えられている。また像を見る場所も、広場の周囲が駐車場になっているので、端の歩道から見る他はない。このような状況では、私には像は小さすぎるように思える。これは現在の話で、マンサールが建築家としての知識や経験を生かして設計した完成時の姿がどうであったかを見ないことには、この広場についての評価はできないようである。

このように見てくると、王の像を広場の中央に置くことにより、広場の性格は大きく変わってくることが分かる。ファサードを統一するだけでなく、広場の形と王の像を設置する位置を決め、さらに王の像のヴォリュームと広場の大きさとの調和を考えなくてはならない。こうなると、建築家が「広場」という、建築や王の像を含む空間全体を設計する他はない。とてもそこに住む人々が経験に基づいてつくる、というような牧歌的なことは言っていられない。

フランス式広場の完成——ヴァンドーム広場

ルイ十四世の時代に、もう一つのフランス式広場であるヴァンドーム広場がつくられた。この広場はヴィクトワール広場と対を成すことを意図して計画されたものである。パリではこのように、右岸と左岸、東部と西部というように、対を成してモニュメントを設置することが多い。左右対称の整然とした秩序を好むフランス精神が、このような所にも認められる。

ヴァンドーム広場は、フランス式広場の完成品である。幾何学的形態、広場を囲む建物の様式の統一、中央に建つ王の像という三要素がすべて揃うだけでなく、はじめからこれ

▲オスマンのパリ大改造により、ヴィクトワール広場は通りで寸断された。

らの三要素が不可分なものとして計画された。さらに広場をマンサールが設計し、広場を囲む建物のファサードはルイ十四世自身で建てているのである。

広場の形は工事中に大きく変更され、現在のような八角形となった。八角形といっても、四角形の隅を切り取った形である。四角形のままだと、隅にある建物の計画が難しくなるので、これは優れた形態処理である。また八角形は、どこにでも見られる四角形の広場と比べて、より幾何学的な形でありオリジナリティを感じさせる。ただ南北に道路が通るので、広場らしい閉ざされた空間という印象は薄れている。

驚くべきことは、広場を囲む建物について、ファサードだけはルイ十四世がつくっていることである。こうしてファサードをつくった後で、背後の土地を売却して建物を建てさせるなら、自ずと同じ様式の建物に囲まれた広場ができることになる。これなら、オルドナンスを守らせるというような面倒な手続きは一切不要である。

そして一六九九年にヴァンドーム広場が完成したとされる。この時、八角形のファサードだけが巨大な屏風のように立ち上がり、背後には何もなかったという。コの字型をした、高さ十メートルを超す壁が百メートル以上も続き、向かい合って建っているのであるからさぞ壮観だったろう。しかしこれでは壁が完成したことにはなっても、とても広場の完成とは言えないのではないか。最初の建物がファサードの後方につくられたのは三年後の一七〇二年、広場を囲むファサードすべてが建物となったのは一七二〇年であり、ルイ十四世が巨大な屏風を建ててから二十年以上も後のことである。

広場を囲むファサードだけがまずつくられ、次に人の住む場所がつくられる、というのはフランスの形式的な都市の美学をよく表している。イタリアの広場はもとより、ヨーロッパにはチロル地方の村やエーゲ海の島々の集落など、自然や風土に根ざした、永きにわたる人々の暮らしにより形成されてきた美しい景観がたくさんある。これに対して

▲ヴァンドーム広場は八角形なので、ファサードに変化を持たせることができる。

ヴァンドーム広場は、これらの空間とは全く異なった論理によりつくられている。人間の生活などには一顧もせず、広場の形やファサード、王の像と広場の大きさとの調和による景観や美を人為的に、すなわち理性の点から追求してつくり出している。どちらが望ましい空間のつくり方かについての評価は人により異なるであろうが、このように人智により理想の空間をつくり出そうとする美学により、フランス式広場は建てられているのである。

ファサードの構成を見ると、一階はアーケード、二階と三階は窓、その上に屋根窓という構成は、ヴォージュ広場やヴィクトワール広場と同じである。ただヴァンドーム広場の場合、アーケードや窓の列を何列買うかは、建物を建てようとする人が自由に決めることができた。このため二、三列の間口の狭い建物もあれば、七列、八列という幅の広い建物もある。奥行きもヴォージュ広場と同じく建物ごとに異なる。したがってヴァンドーム広場の統一されたファサードの裏には、幅も奥行きも異なる建物が隠されているのである。このように公的な場所から見ると整然としているものの、見えない場所は構わない、というのも案外知られていないパリの姿である。

モニュメントと広場の大きさ

モニュメントと広場の大きさとの関係をみると、ヴァンドーム広場にはジラルドンの制作した高さ七メートル、台座の高さ十メートル、合わせて地上からの高さ十七メートルのルイ十四世の騎馬像が置かれることになっていた。一方、ヴァンドーム広場は、南北に百四十メートル、東西に百二十五メートルである。この結果、周囲から像を見ると長辺方向では七十メートルの場所から高さ十七メートルの像を見ることになり、これは像の高さの四倍である。一方、短辺方向は約三倍半となる。ヴィクトワール広場以上に、王の像

に対して広場の面積が広いことになる。メルテンスの法則からしても、像に対して広場としては大きすぎる。しかし中央に大きな像を置くフランス式広場については、これがマンサールの解答なのである。実際の当時の広場を見ない以上、何とも評価できない。

フランス革命により、中央に置かれたルイ十四世像は、他の広場の王の像と同様壊された。その後、一八一〇年にナポレオンがオステルリッツの戦勝を記念する塔を建てた。この塔は、この戦いで奪った敵の大砲を溶かしてつくったと言われているが、これはナポレオン一流のプロパガンダとの説もある。いずれにせよそれ以降の歴史の中で、政体や政権が移行するたびにヴァンドーム広場に置かれる像も変わってきたが、現在はナポレオンのつくった塔のレプリカがヴァンドーム広場の中央に聳えている。

この塔を見ると、広場の大きさに比べ貧相な印象を受ける。本来ヴァンドーム広場は、ジラルドン作のルイ十四世像を置く広場としてマンサールが計画したものである。マンサールは像の大きさを考えて、広場の広さや周囲の建物の高さを周到に設定したはずである。ところが後代の人々は、政体や政権を正当化するため中央にモニュメントを置くことしか考えず、広場とモニュメントとの大きさの関係や調和を忘れたようである。マンサールの設計した、整然としたファサードの残るこの広場に来るたびに、中央に本来の大きなルイ十四世の騎馬像が建っていたらどのような景観になるかを想像してしまう。

このように、広場と中央のモニュメントとの関係が失われた例は、他にも見られる。たとえば、シャルル・ド・ゴール広場には巨大な凱旋門があるが、これはナポレオンが自らの軍団の栄光を讃えるために建てたもので、広場との関係については考慮されていないようである。このため広場に行くと、その巨大さに圧倒される。しかし、これこそがナポレオンの意図したことかもしれない。広場と調和したモニュメントをつくるよりも、見る者にその壮大な姿により畏敬の念を抱かせるものを創作したとも考えられる。

▲ヴァンドーム広場には、マンサールによるファサードが残されている。

一方、同じ円形広場であるバスチーユ広場には、五十二メートルの七月革命の記念塔が建っている。何しろ広場が大きいだけに、それはヴァンドーム広場の塔以上に貧弱で、周囲の空間が寒々しく感じられる。十八世紀の人々は、広場とそこに建つモニュメントを同時に考えることができたが、それ以降の人々はそうではないようである。

二つの広場の運命

それでは、現在のヴィクトワール広場とヴァンドーム広場はどうなっているのだろうか。

ヴィクトワール広場と聞いても、ほとんどの人はどこにあるかはもとより、名前さえ知らないのではないだろうか。ガイドブックにも、ほとんど載ることはないようである。それも無理のないことで、ヴィクトワール広場はオスマンのパリ大改造の際に道路が開通し、その姿が大きく変えられた。マンサールによる統一されたファサー

ナポレオンが建てた塔は、ヴァンドーム広場に比べて小さすぎる。

ドが、道路により寸断されただけでなく、ルイ十四世像の背景となっていた二つの貴族の館も取り壊されて、現在では低い建物に置き換えられている。おまけに広場の周囲は駐車場となっており、隙間なく駐車した車越しに、一回り小さなレプリカに置き換えられたルイ十四世像を見ることになる。もし周囲が駐車禁止となり、広場の中にオープンカフェの傘の花でも開いていれば、ヴィクトワール広場の印象もかなり変わったものになるだろう。

一方、ヴァンドーム広場の方は、ルイ十四世像はナポレオンの塔に変わったが、広場の形も周囲の建物もほぼそのまま残されている。オスマンのパリ大改造から逃れたことは、ヴァンドーム広場にとって幸いであった。これでブールヴァールが貫通していたら、ヴィクトワール広場と運命を共にしていたかもしれない。ヴァンドーム広場は、マンサールの設計した整然とした建物が残されていることもあり、パリでも有数の高級なブティックの集まる場所となっている。この点でも、うらぶれたヴィクトワール広場とは対照的である。

ヴィクトワール広場とヴァンドーム広場という、マンサールが設計した二つのフランス式広場。一方はオスマンの改造の犠牲となり、一方は生きながらえ、その後の運命を大きく変えた。しかしどちらも、その後のパリの都市空間に決定的な影響を与えることになる。

*1——Paris Le Guide du patrimoine, Hachette 1994, p.558

第七景
コンコルド広場という空き地
パリの中心は空洞だった

パリの中心にある空洞

フランスの思想家ロラン・バルトは、「東京の中心は空洞である」と指摘した。確かに皇居は、一般の人が入れない場所であるばかりか、地下鉄でさえその下を通っていない。しかしパリの中心にも同じく空洞があるようだ。コンコルド広場である。

コンコルド広場は四方を道路で囲まれ、まるで車の洪水の中にある島のようである。この島に行くには、歩行者用の信号が青になった時に急いで道路を渡る他はない。ここはパリで最も大気汚染のひどいところで、交通整理をする警官は二時間おきに交代するという。このような場所に行くのは観光客だけで、市民が好んで行くことはまずないと思う。

この島にたどり着いた観光客は、ほぼ例外なく中央にあるオベリスクかその前後にある噴水の側で写真を撮るようである。何しろ周囲は広い空き地で、その外は道路であるから、これらをアップで写さないことには写真として見栄えがしない。写真に心得のある人なら少し離れて望遠レンズを使い、これら三つがあまり変わらぬ大きさで写るようにするだろう。あるいはライトアップされた夜景を撮るかもしれない。それなら、オベリ

▲コンコルド広場ではオベリスクや噴水をアップで撮らないと写真にならない。

スクや噴水の周囲に広がる大きな空間も黒い背景となるからである。絵はがきやガイドブックを見ても、コンコルド広場を写した写真は大体そのように撮られている。それもそのはずで、コンコルド広場全体を写そうとするなら、いくら高いオベリスクでもいくら大きな噴水でも、点景としか写らないだろう。

　コンコルド広場を初めて訪れた時、「これが広場なのか」という疑問を持ったことを覚えている。というのは広場というものに、もっとヒューマンなイメージを持っていたからである。コンコルド広場の大きさは東西三百六十メートル、南北二百十メートルという巨大なもので、広場としては大き過ぎるようだ。しかしもっと本質的な問題は、広場というと周囲にカフェや店舗があり、人がゆっくり佇める場所であるはずなのに、コンコルド広場の周囲は道路で、北側には海軍省とホテル・クリヨンがあり、カフェどころか足を踏み入れることも躊躇されるということである。それ以外の三方向を見ると、南側はセーヌ河岸、東側はチュイルリー公園、西側はシャンゼリゼの緑地である。これでは観光客も写真を撮った後、カフェに入って休むどころか、腰を下ろす場所さえないだろう。

開かれた広場

それではどうしてパリの中心地にこのような空洞ができたのだろうか。

出発点となったのはヴィクトワール広場と同じく、王の像を置くためである。パリ市は一七四八年、ルイ十五世の像を置くための広場をつくることを決めた。このような経緯から、この広場は「ルイ十五世広場」と呼ばれることになるのであるが、ここではコンコルド広場として話を進めたい。

　この広場をどこにつくるかまだ決まっていない時、一般の人々を対象として設計競技（コンペ）を行うことになった。現在、公共建築を建てる上でコンペは一般的であるが、今か

ら二百五十年も前にコンペが行われているのは驚きである。このコンペでは応募者が広場をつくる場所を自由に決めて提案したので、現在のアイデアコンペのようなものだったろう。結局、優勝者は出なかった。

その後ルイ十五世が、現在の場所を、自らの像の建つ広場の敷地として提供することになった。十八世紀の半ばというと、このチュイルリー公園からシャンゼリゼを結ぶ一帯も野原であった。シャンゼリゼにしても、広い道路が野原の中を西に一直線に延びているだけで、建物などまだ建てられていなかった。敷地が決まった後、二度目のコンペが行われる。今回は実際に広場をつくることを意識して、アカデミーの建築家だけを対象とした。

コンペの結果はというと優勝者はなく、審査員を務めた王室主席建築家のガブリエルが広場を設計することになる。コンペの応募者の中から選ばず、審査委員長が優勝者となるのだから、現在なら考えられない話である。さらにガブリエルは、コンペ案の中から良さそうなアイデアを取り入れて広場を設計したというのだから、著作権のない時代とはいえ、立場を利用してずいぶん勝手なことをしたものである。

ガブリエルは、これまでの広場とは全く異なる広場をつくることになる。従来の広場は、不規則な形のイタリアの広場でも、幾何学的な形で王の像を中央に置くフランス式広場でも、広場は建物に囲まれていた。というよりも、建物に囲まれた閉ざされた空間が広場であると考えられていた。これに対しガブリエルの考えた広場は、同じ様式の建物を左右対称に北側にのみ配置するという、これまでの広場の概念を覆すものであった。

このような計画の背景には、当時ルーヴル宮殿の西にあったチュイルリー宮殿からシャンゼリゼへの眺望を損なわないように、というルイ十五世の要望があった。それに敷地は広い野原で、広場の周囲に建物を建てるには時間も費用もかかる。こう考えるな

▲コンコルド広場全体を撮ると、空き地が写るだけである。

▲コンコルド広場の隅に建てられた四阿は、今では忘れられたようである。

ら、敷地条件を最大限に生かした計画であったということもできよう。

また時代の要請もあった。十八世紀は啓蒙の世紀であり、近代を準備した時代である。中世の狭い道路や密集した家屋から成る街に対し、チュイルリー公園などの緑地やセーヌの河岸など、広々とした場所を市民は好んでいた。このような市民の意向もあり、初めて外に対して開かれた広場がつくられることになる。

しかし北側に建物を建てただけでは広場にはならない。いくら建物に囲まれていないとしても、広場として空間を限定する必要がある。このためガブリエルは地上に建物をつくる代わりに、地面を掘って壕をつくることにより、空間を限定することにした。こうして北側を除く三方向に壕をつくると共に、ここを渡る橋を六カ所に架けている。橋を渡って行くのであるからまさに島であり、この島に渡ると中央にルイ十五世の像が建ち、北側に宮殿のような左右対称の建物を見ることができた。現在のコンコルド広場が交通量の多い道路に囲まれた島であることを思うなら、成立時から島であったというのは皮肉な一致である。

「コンコルド広場はどんな形か」と聞かれて、答えられる人は少ないのではないだろうか。何しろ広場を囲む建物がないのだから、形がよく分からないのは当然である。実はコンコルド広場は八角形をしている。八角形といってもヴァンドーム広場と同じように、四角形の隅を切り取った八角形である。壕とその周囲の柵しかないので形が分かりづらいことを意識したのか、ガブリエルは八つの隅に四阿《あずまや》を設置した。もちろん四阿といっても日本のように屋根だけ付いた木の建物ではなく石造りの小さな建物で、それぞれの四阿の上にはフランスの都市を表す彫像が置かれていた。コンコルド広場の端を歩いていると、今でもこの四阿を見かけるが、これがコンコルド広場の一部であったと知る人は少ないだろう。

▲凱旋軸と呼ばれる東西軸上にコンコルド広場はある。

軸線と王の像

コンコルド広場もルイ十五世の像を置くために計画された以上、当然像を置く位置が重要である。これまでのフランス式広場では、広場の形や大きさを考えて王の像を置く位置を考えた。しかしコンコルド広場ではルイ十五世像を置く位置について、広場の中だけでなく、周囲の都市空間も含めて考えられた。このことは、その後のパリの都市形態に大きな影響を及ぼすことになる。

既に述べたように、広場をつくる際にルイ十五世はチュイルリー宮殿からシャンゼリゼへの眺望が遮られないよう求めた。これは後に「凱旋軸」と呼ばれ、パリの骨格となる都市軸となる。もちろん当時はシャンゼリゼでさえ野原の中を通っているような時代で、凱旋門などは影も形もない。それでも広大なシャンゼリゼがあるので、これを広場の東西軸とした。一方、広場の中心を走る南北軸としては、北側の左右対称に建てた二つの宮殿のような建物の間を通る軸を設定した。こうして、東西軸と南北軸の交点にルイ十五世像が建てられることになる。

東西軸については、ナポレオンが現在のシャルル・ド・ゴール広場に凱旋門を建てたことで、凱旋軸として知られるようになる。その一方で、南北軸についてはほとんど知られていないようだ。広場の北、二つの建物の間にロワイヤル通りが通され、その先にマドレーヌ教会が建てられることになる。南側については、セーヌ川にコンコルド橋が架けられ、その突き当たりに現在下院が置かれているブルボン宮が姿を見せる。こうして広場の中央付近に行くなら、東西軸上に凱旋門を、南北軸上にマドレーヌ寺院とブルボン宮を見ることができる。

したがって、これまでの視線が中央の王の像に向かうフランス式広場に代わり、視線が

広場の外、それも軸線がつくるパースペクティブ上のモニュメントにも向けられる新しい広場が誕生したことになる。

しかしこれは、建築家が図面上で構想したことである。広場を訪れた人々がこのような意図を理解するだろうか。既に述べたように、カミロ・ジッテは永い歴史により経験を通してつくられてきた広場を賞賛する一方、十九世紀の建築家や都市計画家がコンパスや定規で計画した広場を批判している。コンコルド広場に来ると、ジッテの言うことがもっともなように思われる。この広場に来た人々を見ていると、北側に目を向け二つの建物の間に姿を現すマドレーヌ教会に見入る人はほとんどいない。南側についても、セーヌ川越しに見えるブルボン宮に気付く人はめったにいない。せいぜい西側に目を向け、シャンゼリゼの彼方に見える凱旋門の写真を撮るくらいである。

コンコルド広場に来ると、フランスの形式的美学について考えさせられる。建築家や都市計画家が、図面上で広場の形やモニュメントの位置を懸命に考えて計画したにせよ、そこには人が不在なようだ。実際に人が広場を訪れたらどう見えるだろうか、自分が広場を歩いた時モニュメントはどう映るだろうか、というような視点が欠如している。このような、体験を通して得られる広場やモニュメントの見方がないまま、図面上で抽象的な都市の美学を空想しているように思えてならない。

広場から空き地へ

コンコルド広場はその後、どうなったか。

フランス革命では、パリ市内にあった他の国王の像と同じく、コンコルド広場のルイ十五世の像も破壊された。この広場で、ルイ十五世の後継者のルイ十六世とその妃マリー・アントワネットがギロチンで処刑されたことは、よく知られている。

フランス革命以降、政体が王制、共和制、さらに帝政とめまぐるしく変わるが、コンコルド広場もそれに翻弄されるように名前を変えることになる。名前までが変わるようでは、とても中央に建てるモニュメントを決めることはできない。ようやく一八三三年、ルイ・フィリップの七月王制の時、エジプトから寄贈されたオベリスクが建てられることになる。オベリスクなら王制や共和制といった政治色がないと判断されたわけであるが、その反面パリにもフランスにも全く関係がない。また広いコンコルド広場に対して細いオベリスクでは貧弱と考えられたのか、その南北にローマのサン・ピエトロ大聖堂の噴水のレプリカが置かれることになる。これも政治色はない代わり、パリにもフランスにも関係ない。こうして、パリの東西南北を結ぶ軸上にある広場に、エジプトとイタリアのモニュメントが現在まで建ち続けることになる。

このように広場に置かれるものがルイ十五世像から異国の三つのモニュメントに置き代わったが、それでもコンコルド広場は、広場としての形態は保つことができた。北には二つの宮殿のような列柱のある建物が建ち、それ以外の三方は壕により限定された空間になっていた。このような広場と呼び得る最低限の条件である空間の限定性を失うのは、オスマンのパリ大改造の時である。

一八五三年、ナポレオン三世はオスマンに命じて壕を埋めさせた。ナポレオン三世は、コンコルド広場を行進や集会の場所と考えていたのである。何しろ北側を除く三方は開かれているので、壕を埋めればさらに大きな空間ができる。大勢の人々が集まれる場所をパリにつくろうとするなら、ここしかないだろう。実際、二〇〇六年のサッカー・ワールドカップでフランスが準優勝をした時には、ここに大群衆が集まり、北側のホテル・クリヨンからフランス代表が手を振り、熱狂する群衆に答えていた。ナポレオン三世も、ここに集まる群衆から拍手喝采を受けることを夢見て壕を埋めたのかもしれない。ナポレ

▲南北軸上にマドレーヌ教会はあるが気付く人は少ない。

オン三世の意図が何であれ、この結果コンコルド広場は広場としての限定性を失い、単なる空き地となる。

ナポレオン三世の時代には、乗り物といえば馬車しかない。広場というよりも広い空き地となったコンコルド広場へも、簡単に道路を横切って行けたことだろう。しかし二十世紀になりモータリゼーションの時代を迎えると、事情は変わってくる。東西軸と南北軸の交わるコンコルド広場には、交通が集中することになる。こうして現在のように、車の流れの中に孤立する島のようになってしまった。

モニュメントを見るため、都市軸を利用してコンコルド広場は計画された。しかし同時に、都市軸は交通が通る動脈でもあるため、コンコルド広場は今日のように車の集中する巨大なロータリーのようになってしまった。かといって十八世紀の人々に、自動車のようなものが発明され、広場の周囲を走り回ることを予想しろというのは無理なことだったであろう。いずれにせよ、都市軸の美学がパリの中心に空き地をもたらしたところに、政治以上に大きな、技術における歴史の変化の大きさを感じざるを得ない。

第八景
ブールヴァールという並木道
都市壁がパリに遺したもの

ブールヴァールと都市壁

「ブールヴァール」と聞いて何を思い浮かべるだろうか。広い道、並木道、それともオスマンのつくった道路？　もともとはグラン・ブールヴァールのことで、マドレーヌからバスチーユまでの道路と答えるのは、かなりパリやフランスの歴史に詳しい人だろう。ちなみにロベール仏和大辞典をみると、

1（一般に並木のある）大通り

とあり、三番目に

3（十五、十六世紀に中世の城塞の外側に増築された、砲門を据えるための）塁道、堡塁

と説明されている。ここで「中世の城塞」とあるが、これは都市を取り囲む壁、都市壁と同じことである。要するにブールヴァールとは都市壁の一部だったのである。それがどうして並木のある大通りの意味で使われることになったのだろうか。

日本では城を取り囲む壁はあったが、城の周囲に広がる街までを含めて囲む壁はつくられなかった。これは世界でも例外的なことで、ヨーロッパはもとより中国などアジアの国々でも、都市は壁に取り囲まれていた。このため、日本人には都市壁がどのようなも

▲パリ最初の都市壁であるフィリップ・オーギュストの都市壁は、マレ地区に残されている。

のかイメージできないようである。パリには今でも、一一九〇年にフィリップ・オーギュストが最初に築いた都市壁の一部がマレ地区に残されており、これを見ると都市壁がいかに巨大なものであるかが分かる。これは壁だけであるが、壁の外周部が壕のようになっている場合も多かった。ちなみに「壕」とは空壕のことであり、これに水を入れると「濠」となる。何しろ漢字は都市壁のあった中国でつくられたので、このような都市を守る術については詳しい意味を伝えている。

都市とは、このような石造りの堅固な壁により囲まれた場所であった。この外側が農村であり、一般にヨーロッパでは、都市と農村が都市壁により画然と二分されていた。これはパリでも同じことで、中世やルネサンスどころか第一次世界大戦の終了する一九一九年まで都市壁により取り囲まれていた。この都市壁を取り壊してできたのがパリの外周道路であるペリフェリックであり、パリから出発する電車に乗り、このペリフェリックを越えると、急に広くゆったりと建てられた建物が増え、緑も多くなる。これに対して日本では、東京から列車に乗っても、いつまでも窓の外には建物が続いており、どこまでが都市で、どこまでが農村か分からない。これは、東京には都市壁がなく、外側に絶えず拡張しているからである。よくヨーロッパの人たちが、東京をはじめ日本の大都市を「巨大な農村」と言うのも、ヨーロッパの都市と比べるなら当然のことのように思える。

都市壁の役割は、第一に都市の防御である。ここであえて第一にと述べたのは、都市壁の機能は防御だけではないためである。都市壁の内部、すなわち都市に入るためには入市税を払わなければならないので、税収を確保することも都市壁の役割である。また都市壁内だと税の徴収が容易なうえ、王の布告なども行き渡らせることができる。このような理由もあって、歴代の王は都市壁をつくることに熱心であったし、都市壁の外での建設を抑制しようとした。実際パリにおいても、都市壁の外での建設を禁止する王令は何度も出されている。

しかし、都市壁の何よりも重要な役割が都市の防衛であることに変わりはない。それには武器の進歩、特に大砲の威力に対応する都市壁のあり方を考えなければならない。このためレオナルド・ダ・ヴィンチや、ルネサンスにおける建築理論を体系化したアルベルティなども、築城術や都市壁の造り方を研究している。建築の美学も、都市の安全が確保されなければ論じられないということだろう。こうした探求により、都市壁を単に厚くすればよいというのではなく、都市壁の形態を工夫することが考えられ、濠や稜堡《りょうほ》が利用されることになる。

さらに十八世紀になると、フランスではヴォーバン元帥が築城術を体系化して、多くのフランスの都市がヴォーバン式都市壁により囲まれることになる。幕末、フランスは徳川幕府に味方した。函館に逃れた幕府の残党が立て籠もったのが、フランスの軍事顧問団がつくったヴォーバンの築城術を利用した五稜郭である。五稜郭は要塞であるが、この内部に石造りの建物が密集して建てられた都市を想像するなら、都市壁に囲まれたフランスの都市を理解できるだろう。

都市壁の撤去とグラン・ブールヴァール

都市壁も、国が強くなると必要性は少なくなる。フランスでは太陽王と呼ばれたルイ十四世の時代、フランスの軍事力は他国を圧倒し、周囲の国々の都市壁がフランスの軍隊により脅かされることになる。フランスに侵入する国などないと自信を深めたルイ十四世は一六六〇年、パリの都市壁を取り除くことを決意する。実際ルイ十四世の自信を裏付けるように、その後百五十年間以上、一八一四年までパリに侵攻した敵はいなかった。

ルイ十四世が取り壊したのは、シャルル五世が十四世紀半ばに強化したバスチーユ―

▲かつてのグラン・ブールヴァールと呼ばれた通りには、都市壁が建っていた。

サン・ドニ間の都市壁と、ルイ十三世が十七世紀前半につくったばかりのサン・ドニ—マドレーヌ間の都市壁である。こうしてパリはヨーロッパで初めて、都市壁のない開かれた都市になった。

都市壁の幅は数十メートルに及ぶ。ここにルイ十四世は四車線、二列の並木のある大通りをつくった。この大通りは、都市壁の塁道を表すブールヴァールに「大きな」を意味する形容詞グランを付けて、グラン・ブールヴァールと呼ばれることになる。十七世紀というと、中世以来の細い曲がりくねった道路が都市を覆っている時代である。これほど広くまっすぐな道路が、しかもバスチーユからマドレーヌまでの長い区間にわたり続くのを、当時の人々は見たことがなかった。当時のヨーロッパでは、このような大通りをつくろうとするなら都市壁を取り壊す他にはなく、これは他国を怖れずにすむルイ十四世のフランスだけができることであった。

ルイ十四世は一六七二年、オランダとの勝利を記念してサン・ドニ門を、一六七四年にはドイツ、スペイン、オランダ連合軍との勝利を記念してサン・マルタン門をグラン・ブールヴァールにつくる。現在ももとの位置に建っているこれらの門は、「門」と呼ばれているので都市壁に取り付けられた入口のように思われるが、戦いに勝利し

たことを記念してつくられたれっきとした凱旋門である。都市壁を取り壊した跡に凱旋門をつくるのであるから、ルイ十四世の自信のほどが窺える。

並木道という発明

グラン・ブールヴァールには、四車線の車道と共に二列の並木があった。今では並木道など大都市では珍しくもないが、広い車道の両側に並木のある道は史上初めてつくられたものであった。何しろパリには、それまで並木道といえば、一六一六年にアンリ四世の妃であったマリー・ド・メディシスがつくったクール・ラ・レンヌしかなかった。これは「王妃の並木道」を意味するもので、チュイルリー宮殿から西に一・五キロ続いていた。両側には壕と柵があり、一般市民は立ち入ることができず、その名の通り王妃のみが通ることのできる並木道であった。

それでは、どうしてルイ十四世は大通りの側に並木を植えることを思い付いたのだろうか。啓蒙の世紀と言われる十八世紀になると、空気、緑地、知識が求められるようになるが、まだ十七世紀半ばである。並木のある大通りなど、フランスはもとよりヨーロッパにも前例がないし、大通りができたからといって並木を植える必然性など全くなかった。したがって、並木のある大通りをつくっ

▲サン・マルタン門の西に建てられたサン・ドニ門。

た理由については想像する他はないが、私には造園家ル・ノートルの影響があるように思われる。

都市壁を取り壊し始めたのとちょうど同じ時期、一六六一年からルイ十四世はヴェルサイユ宮殿の造営に着手する。この宮殿の完成には約五十年を要するが、これは都市壁を取り壊し、グラン・ブールヴァールをつくる期間とほぼ一致する。投入した労働力が違うにせよ、期間からいえばグラン・ブールヴァールの建設はヴェルサイユに匹敵するような大工事であったことが分かる。

ヴェルサイユでは、宮殿と共にル・ノートルによる壮大な庭園がつくられる。ル・ノートルは、幾何学的な形態のフランス式庭園を作庭したことで名高い、フランスというよりも世界の造園史上に名高い大造園家である。しかしル・ノートルは造園の一方で、パリの緑化にも大きな足跡を残している。最も有名な例は、一六六七年チュイルリー公園から西へのパースペクティブを延長した大規模な並木道をつくったことである。これが発展してシャンゼリゼ通りとなる。また、マリー・ド・メディシスのつくったクール・ラ・レンヌを改造して、パリに入る三本の道路の一つとした。一方ル・ノートルに合わせるかのように、ルイ十四世も東のヴァンセンヌとパリを結ぶ並木道であるクール・ド・ヴァンセンヌをつくっている。

このようにパリに並木道がつくられているなら、都市壁を取り壊して大通りをつくった際、両側に並木を植えることを考えつくのは、自然な流れかもしれない。ピエール・ラヴダンは『パリの都市計画の歴史』の中で、並木道をパリに特有の緑地であると述べている。ならば、グラン・ブールヴァールはその広さだけでも史上初なのに、両側に並木があるのだから、フランスの発明した都市空間といってよいだろう。

現在ではヨーロッパはもとより、世界各国で並木のある大通りがつくられていること

を思うと、グラン・ブールヴァールの影響の大きさが分かろうというものである。このグラン・ブールヴァールも、ルイ十四世とル・ノートルなくしてはあり得なかったかもしれない。ル・ノートルという名前はいつもヴェルサイユや造園と結び付いて述べられてきたが、パリに並木のある大通りをつくることにより、世界の都市の緑化に貢献したことでも記憶されるべきではないかと思う。

グラン・ブールヴァールの繁栄

グラン・ブールヴァールは一七〇五年に完成する。何しろ都市壁の外側は農村なので、できた当時はパリの北の境界になっていた。パリの端にあり、当初は訪れる人も少なかったが、並木のある大通りなどここにしかなかったので、十八世紀も中頃に入ると人が集まるようになり、グラン・ブールヴァールの繁栄が始まる。一七七八年には四車線の車道が舗装される。狭くて曲がった道路よりもまっすぐな道路の方が通行しやすいのは馬車でも自動車でも同じであるし、その上舗装されているので、馬車で行くのが楽になる。こうして人が集まるようになると、歓楽を求める人々もやって来るようになるのは、いつの時代でも変わりはない。グラン・ブールヴァールは遊興の地としても知られるようになる。

十九世紀に入ってもグラン・ブールヴァールの人気は続いた。できた当時には、北側には農村部が広がっていたが、人が訪れるようになると店ができ、店ができると人が集まるというわけで、すっかりグラン・ブールヴァールも多くの建物が並ぶパリの一部となった。一八二六年にはパリで最初のガス灯が設置され、夜の街を照らすようになる。パリの他の場所では、闇の中にわずかにローソクとランプの火が灯るだけであったが、グラン・ブールヴァールだけは、夜でもガス灯が灯る歓楽の巷となっていた。その二年後には、パリで初めての乗り合い馬車がバスチーユとマドレーヌ間を結ぶようになる。今で言うな

▲グラン・ブールヴァール上に建てられたサン・マルタン門。これはパリに入る門ではなく凱旋門である。

ら公共交通ができたわけで、ブールヴァールはパリの交通の大動脈となる。

しかし十九世紀も半ばになると、グラン・ブールヴァールに強力なライバルが出現する。シャンゼリゼ通りである。このグラン・ブールヴァール以上に幅も広い並木のある大通りは、十九世紀を迎える頃から、次第に華やかな店が並ぶ人気のある場所となる。おまけにオスマンのパリ大改造により多くの並木のある大通りがつくられると、グラン・ブールヴァールもそれらの一つとなってしまう。今ではグラン・ブールヴァールという言葉も使われなくなり、かつての繁栄を偲ぶこともできない。まして、ここに都市壁があったことなど想像すらできない。

新たな都市壁とブールヴァール

ルイ十四世はパリの都市壁を取り壊した。しかしその後パリでは、二度にわたり都市壁がつくられる。

まず一七八四年から、パリに入ってくる物品について入市税を徴収するため、徴税請負人の壁がつくられる。これは都市を守るための壁ではなく、税を徴収するためにつくられたパリでも珍しい都市壁である。入市税がかけられるならパリ市内の物価が上がるのは当然のことであり、この壁はパリ市民の反感の対象となる。折しもフ

▲ブールヴァール・オスマン。オスマンのつくった並木道のある大通りもブールヴァールと呼ばれた。

ランス革命が起こり、徴税請負人のいる建物は焼き討ちにされ、オスマンの時代にこの壁も取り壊されることになる。

この徴税請負人の壁についても、ルイ十四世の時に倣い並木のある大通りがつくられる。グラン・ブールヴァールの外にあるので、「外側のブールヴァール」を表すブールヴァール・エクステリウールと呼ばれた。

その後、パリ最後の都市壁が一八四一年からつくられる。これはパリを取り囲む三十五キロにも及ぶもので、三十五の門があった。この都市壁の位置が現在のパリ市の境界となっており、かつての門のあった場所はメトロの駅となることもあり、門を表す「ポルト」をつけてポルト・ド・クリニャンクール、ポルト・ド・マイヨなどとなっている。この都市壁は第一次世界大戦の終結時の一九一九年まで存続していた。果たしてこのような壁が、近代の大砲の前にどれだけ有効であったか素人の私には分かりかねるが、十九世紀の半ばに、防御のために都市壁をつくるというのは時代錯誤のような気がする。三十五キロに及ぶ壁をつくる代わりに、戦力を増強するというようなことは考えなかったのだろうか？　フランスは、第二次世界大戦の前にも大規模な防御陣地であるマジノ線をつくっているが、どうもナポレオンの末裔は攻めることを忘れ、守ることに専念しているように思える。

この長大なパリを囲む都市壁も取り壊され、冒頭で述べたように、パリの外周道路ペリフェリックとなる。この道路も都市壁の跡につくられているため、正式名称はブールヴァール・ペリフェリックである。何しろ高架になっているので、下に並木があるのかどうか分からない。たとえ並木があったところで、高架で車しか通れないなら、もはやブールヴァールとは言えないのではないかと思う。ブールヴァールとは、何より人間のための道路であるからである。

アヴニュとブールヴァール

ブールヴァールとは本来、都市壁の跡につくられる並木道のある大通りのことであった。しかし時が経つにつれて都市壁のことは忘れられ、都市壁とは関係なく、並木のある大通りならブールヴァールと呼ばれるようになる。これは取りも直さず、並木が好まれ、大通りをつくる際にも並木が両側に植えられるようになってきたことを表すものである。このような並木のある大通りがパリの歴史上最も多くつくられたのが、オスマンのパリ大改造の時である。

十九世紀の中頃、ナポレオン三世の第二帝政の時代、オスマンにより既存の建物や街路を取り壊すことで、直線的な広い道路が放射状につくられる。大通りの両側に並木を植えることについては、オスマンの部下の中にも反対の声が少なくなかった。というのは、大通りの建設の際には下水道もあわせて計画されており、並木道をつくると木の葉が下水道を塞ぐことが心配されたためである。木の葉が道路に落ちた時の掃除も大変になるし、またせっかく道路が広がり日照が得られるようになったのに、並木があると日陰になるといった反対もあった。それでもオスマンは、大通りに並木を植えることを翻すことはなく、以下のように道路幅に応じて体系的に並木道をつくった。

道路幅　二十六メートル以上　並木一列
道路幅　三十六メートル以上　並木二列
道路幅　四十メートル以上　並木三列、中央に一列

こうしてできた大通りもブールヴァールと呼ばれた。この頃になると、ブールヴァールという言葉が、並木のある大通りの意味で定着していたことが分かる。現在もあるブールヴァール・オスマンは、オスマンがつくった大通りとブールヴァールとの関係を物語るものである。

一方、同じオスマンがつくった大通りでも、並木のないものはアヴニュと呼ばれた。オスマンのパリ大改造のシンボルともいうべきオペラ大通りも、アヴニュ・ド・オペラとなっている。このオペラ大通りにも当初は並木を植えるようになっていたが、オペラ座の設計者であるシャルル・ガルニエにより反対され、植樹できなかったと伝えられている。ガルニエにしてみれば、自らの作品が並木により隠されるのが嫌だったのであろう。確かに並木があると、オペラ座だけでなく、オペラ大通りの両側にバルコニーを揃えて並ぶ建物のファサードも見えなくなるわけで、オペラ大通りの景観もかなり変わったに違いない。

グラン・ブールヴァールができた時、並木のある大通りはパリはもとよりヨーロッパにもここにしかなかった。しかしオスマンの時代、都市壁とは関係なく多くのブールヴァールがつくられると、どこも変わらぬ並木のある大通りになってしまった。こうなると、オペラ座を正面に見るうえ両側にファサードの整った建物が並ぶオペラ大通りや、アーケードのある建物が並ぶリヴォリ通りなどでは、並木のない方が整然とした街並を見せることができる。この点、やはりガルニエは建物や街路の見方をよく知っていたと言え

よう。

並木のない大通りはアヴニュと呼ばれる。しかし一つだけ例外がある。シャンゼリゼ通りである。シャンゼリゼ通りは並木があっても、アヴニュと呼ばれている。十七世紀後半、都市壁の跡にグラン・ブールヴァールがつくられるのとほぼ時を同じくして野原の中にできたのがシャンゼリゼである。都市壁とは関係なくつくられた以上、シャンゼリゼについては都市壁の一部を表すブールヴァールと呼ぶことはできず、今日でも並木があってもアヴニュと呼ばれている。

第九景
取り壊しによりできた街
太陽、緑、空間を求めて

病原体と都市計画

現代に生きている人なら、病気が細菌やウイルスなどの病原体により引き起こされることは、誰でも知っていることだろう。しかしこれは歴史的にみるなら極めて新しいことである。何しろルイ・パスツールが細菌と思われる微生物を確認したのが一八六五年、ロベルト・コッホが結核菌を分離したのが一八八二年であるから、人間が病気の原因を知ってからわずか百五十年しか経っていないのである。

ところがこのことは当然のこととして思われているようで、都市計画の教科書でも、病原体の発見についてはほとんど述べられていない。しかし病気の原因が分かったということは、都市計画を通して病気の蔓延を防ぐことができるようになったことを意味するものであり、都市計画の上でも特筆すべき大きなことではないだろうか。すなわち上水道により浄化された水を供給する、下水道により汚水を集めて処理する、道路の衛生を保つなどのことをするなら、一定の病気については広がるのを防ぐことができる。幸い日本では、都市計画におけるこのような公衆衛生の役割は著しく低下しているが、アジアやアフリカの発展途上国では、都市計画に何より求められているのはこの公衆衛生である。

日本でも、戦前や戦後まもなく伝染病が怖れられ、公衆衛生が強く求められたことを忘れるわけにはいかない。

病原体が発見される以前、フランスをはじめヨーロッパでは、ミアスム（フランス語、英語ではミアズマ）と呼ばれる汚染された空気により病気が広まると考えられていた。日本では、ミアスムは瘴気《しょうき》と呼ばれた。現在では思いもよらないが、顕微鏡もなく病原体が見えない以上、非衛生な場所で病気が発生するのを経験的に知っていたので、ミアスムを病気の原因と考えたのは、それほど奇異なことではないのかもしれない。この結果、都市計画において病気に対処するには、ミアスムが発生したり、広まったりしないようにすることが考えられた。既に十七世紀の初めにヴォージュ広場をつくったアンリ四世は、道路が汚いため空気が汚染されると考え、道路の舗装を命じている。

啓蒙の時代と呼ばれる十八世紀になると、病気と衛生との関係が経験的に理解されるようになり、老朽家屋が密集するような非衛生な地区でミアスムが溜まり、病気が起こるとされた。このためフランス革命の前、ルイ十六世は橋の上に建てられた建物の除去や、パリの中央にあったイノサン墓地の移転を命じている。何しろ当時は土葬で、パリの中央に多数の遺体が埋められているのだから、ルイ十六世ならずとも空気が汚染されていると感じただろう。

その一方で、ルイ十六世は徴税請負人の壁をつくっている。この壁により入市税が取られることで物価が上がるだけでなく、郊外から新鮮な空気が市内に入らなくなり、ミアスムが溜まるということで市民の反感を買うことになった。

現在ではミアスムなど、子供でも信じないだろう。しかし錬金術のようなことが真剣に何世紀にもわたって探求されてきたことを思うなら、経験による知識として評価してもよいのではないかと思われる。

太陽、緑、空間

現代建築に最も大きな影響を与えたと言われるル・コルビュジエが、都市に必要なものとして「太陽、緑、空間」を主張したことはよく知られている。学生時代、都市計画の授業でこのことを聞いて、「何故こんなものが必要なのか。一体、空間とは何のことか」と疑問に思ったことを覚えている。その後イタリアやフランスの歴史的な市街地を訪れて、やっとこの言葉の意味を理解することができた。これらの市街地は都市壁の中で形成されたため、細く曲がった迷路のような道路の両側に建物が密集して建てられており、陽も射さないし、樹木もない。また点在する広場を除くなら、建物の建っていない場所もまったくない。ル・コルビュジエの言う空間とは、建物の建てられていない陽の差し込む場所であることが、やっと理解できた。しかしながら「太陽、緑、空間」というのは、ル・コルビュジエが自らの都市計画を世に示すプロパガンダとして用いたものであり、決して新しいものではない。

十八世紀の啓蒙君主は市民に「空気、緑地、知識」を与えたと言われる。ここでの空気とは、病気の原因と考えられたミアスムを除去するために建物を取り壊して広場を開いたことであり、いわば空間をつくったことである。また王の公園を一般に開放することで、市民に緑地に接する機会が与えられた。

十九世紀になると、都市の衛生が本格的に取り組まれる。これには空想的社会主義と言われたサン・シモン主義者による、労働者の保護や都市改造の主張も影響を与えた。一八四四年には『ルヴュ・ジェネラル・ド・ラーキテクチュール』という建築についての雑誌が、「パリにとって新鮮な空気と空間より重要なものはあるだろうか」と問うている。新鮮な空気とは、ミアスムを除去するものであることは言うまでもない。要するに、建て

パリで最も狭いシャ・キ・ペシュ通り。オスマン以前、パリの中心地にはこのような狭い街路が多かった。

込んだパリの街を改造して、風の流れの感じられる広い場所をつくることを求めているのである。

このような市民の要望に答え、パリを改造しようとしたのがナポレオン三世とその命を受けたオスマンである。一八五〇年、ナポレオン三世はパリ市庁舎で演説し、パリを改造して市民に空気と日照を与えることを述べている。ここでも「空気」に言及しており、いかに病気の原因のミアスムに対し、新鮮な空気とそれが流れる広い空間が求められていたかが分かる。そしてこのような空間では、当然太陽の恩恵を受けることができた。

ここでナポレオン三世は、緑については述べていない。しかしナポレオン三世はロンドンに永く亡命しており、緑地の意味はよく理解していた。実際、ナポレオン三世の第二帝政の時代、オスマンはブローニュとヴァンセンヌという二つの森、モンスリーとビュット・ショーモンという二つの公園、それにスクエアと呼ばれる二十四の小公園をつくっている。したがってこの時代に、「太陽、緑、空間」が主張されただけではなく、それまでのパリを一変させるほどの規模で実現されているのである。ただこの時代、病原体はまだ発見されておらず、「空間」に代わりミアスムを取り除く意味で「新鮮な空気」と言われているところが、二十世紀のル・コルビュジエとは異なっている。

取り壊しによる創造

パリに限らずヨーロッパでは、都市は都市壁の中で形成されてきた。このため道路は狭く曲がっているうえ、家屋は密集している。現在でもシテ島と向かい合う左岸には中世以来の古い街並が残されており、幅二、三メートルの通りが家屋に囲まれた谷のように巡っている。ちなみにパリで最も狭い通りはここにある、「魚を釣る猫」の意味のシャ・キ・ペシュ通りという面白い名前の通りで、幅は一メートル前後である。もちろんこのあた

り一帯では車両の通行は禁止され、歩行者天国のようなヒューマンな感じがする。しかしパリ全体がこのようでは、現在はもとより馬車の時代でも交通は大変だったろう。ルイ＝セバスチャン・メルシエは一七七〇年に著した『十八世紀パリ生活誌』の中で、「パリを美化するには建てるよりも壊す必要がある」と述べている。「壊す」というと日本では否定的な響きが強いようである。しかしフランス語にはデガジェ（degager）という言葉がある。これは「邪魔物を取り除く」という意味であり、「壊すことにより改善される」という意味で用いられる。パリの市街地では、何しろ建てる場所さえないようなことが多いので、デガジェが必要になってくる。ここでは、対応する日本語がないので、「取り壊し」や「除去する」と訳して用いる他はないが、以上のような意味であると理解していただきたい。

メルシエの生きた十八世紀には、密集したパリの街の問題が議論された。しかしパリの改造が大規模に実施されるのは、十九世紀になってからである。

十九世紀になるとコレラがパリを襲う。一八三二年からの流行では、一万七千人以上が死亡することになる。この頃になると、地区ごとのコレラ発生率や死亡者数も検討されるようになる。当然のことながら、家屋の密集した非衛生な地区ほどコレラの被害も大きいことが理解された。病原体が発見されないため、家屋が密集している地区ではミアスムも溜まることの多いことがコレラの原因と考えられた。こうなると病気をなくすためには、ミアスムを除去すること、具体的には家屋が密集している非衛生な地区を取り壊して空間をつくり、新鮮な空気を入れることである。後は、これを実行する人が現れるかどうかということにかかってくる。

▲ランビュト通り。オスマンの前任者のランビュトはパリで初めて既存の街区を取り壊して道路をつくった。

先駆者ランビュト

ポンピドー・センターの東にランビュト通りがある。パリにある他の多くの通りと変わらない、何の変哲もない通りであるが、この通りこそ、パリで初めて既存の地区を取り壊してつくられた通りである。この通りをつくったのは、通りの名にもなったクロード=フィリベール・バルトロ・ランビュト、オスマンの前のセーヌ県知事である。ランビュトは一八三三年から一八四六年まで、セーヌ県知事を務めた。オスマンの大事業に比べるとランビュトの業績はずっと小規模であるが、オスマンの先駆となる事業を行っていることは注目される。

ランビュトの何よりの業績は、やはりランビュト通りをつくったことである。この通りの幅は十三メートルで、中世以来の街を依然として保っていた当時のパリからすると、驚異的な広さであった。当然のことながら、この通りの位置には多くの建物が建ち並んでいた。パリの歴史上初めて、既存の家屋を取り壊して道路をつくるのであるから、建物所有者への補償、それまで住んでいた人への代替住宅の提供など、考えただけでも様々な問題がある。また壊した後に、さらに新たな道路沿いに建物を再建するのだから、野原に道路をつくることと比べるなら費用もずっと高くなる。

パリ市庁舎の周辺はパリで最も古い地区の一つであり、狭い道路に老朽化した建物が密集していた。ランビュト通りは、ここに空気を入れミアスムを追い出すことで、より衛生的な地区にするためにつくられた。道路というと、現代人は自動的に交通を考えるので、十九世紀においても馬車のために道路がつくられたと思うようである。しかし市庁舎の北側だけ幅の広い道路が数百メートルできたところで、周囲が中世の細い曲がった道路なら、馬車による交通に何の影響もない。ランビュト通りは、人や馬車よりも、空気

▲ランビュトはノートルダム大聖堂の背後にあった大司教の館の跡にパリで最初の小公園をつくった。

を通すためにつくられたのである。ミアスムのことを知らなければ、空気を通すために道路がつくられたなどというのは信じられないことだろう。

ランビュトはシテ島に小公園もつくっている。ノートルダム大聖堂の背後には、大司教のための館があった。この館はフランス革命後、政府により接収され憲法制定のための本部として使われていたが、一八三一年に反王党派の暴動のため焼失した。ランビュトは大司教の館の跡に植樹をして小公園をつくった。当時、広場はいくつかあったが、緑地となるとチュイルリー公園とリュクサンブール公園くらいしかなく、ランビュトのつくった小公園は、パリで最初のものである。こうしてランビュトは、建物はもとより、河岸まで石でできた石造りのシテ島に緑をもたらした。その後、オスマンがこの小公園をモデルとして、スクエアと呼ばれる小公園をパリにいくつもつくることになる。このようにパリに緑をもたらした点でも、ランビュトはオスマンの先駆者であると言えよう。

オスマンと大通り

ランビュトに続いて、いよいよオスマンが登場する。オスマンはナポレオン三世のもとでパリの大改造を行うことになるが、その中心となったのは既存の道路や建物をほとんど無視してつくった大通りである。既に述べたように、大通りでも並木のあるものはブールヴァール、ないものはアヴニュと呼ばれた。

オスマンがつくった大通りについては、市民の反乱の際に大砲を備えた軍隊が移動できるようにするためである、とよく言われる。確かに大通りをつくる予算について議会で説明する際、オスマンはこのような説明をしたが、これは議会用の答弁であり、このように説明すると議会の承認が得やすかったためであるとの説もある。この結果、大通りについては暴動鎮圧と結びつけて考えられるようになった。しかし大通りを通すことに

▲リヴォリ通りは、老朽家屋の多い非衛生なアルシ地区を一掃してつくられた。

ついては様々な意味があり、オスマンにとっては交通と衛生ということも大きな意味を持っていた。

オスマンがパリ大改造に着手した際、まだパスツールにより細菌の存在は明らかにされておらず、病気の原因はミアスムであると思われていた。当時コレラの流行に対して都市改造が求められていたが、そのためにはミアスムを除去して新鮮な空気を入れ、非衛生な地区を浄化することが求められた。その手段として大通りが考えられた。

確かにオスマンは交通のネットワークを考え、パリの東西を結ぶように大通りを通した。しかしオスマンは、大通りを人や馬車の通る道としてだけでなく、非衛生な地区を改善する手段であるとも捉えていた。大通りを非衛生な地区に通すことで、そこにある多くの老朽家屋を取り壊すことができる。また大通りに新鮮な空気が通るだけではなく、両側の建物に日照が入るし、並木を植えるなら緑地も確保できる。こう考えるなら、大通りは不良住宅地を改善する何よりの方法だった。

オスマンが最初につくった大通りの一つに、リヴォリ通りがある。この通りはパリを東西に結ぶ大動脈として、ナポレオンの時代から計画されていた。オスマンはリヴォリ通りを完成させることで、ルーヴル宮とチュイルリー公園の周囲にあった非衛生なアルシ地区を一掃することができた。ここでの経験から、オスマンはオペラ大通りを構想したと言われる。

現在のオペラ大通りが通る一帯は、老朽家屋が密集する迷宮のような場所であり、オスマンはここに大通りを通すことにより、衛生的な地区に変えようと考えた。当時はまだオペラ座をつくる計画はなく、この通りはナポレオン通りと呼ばれていた。要するにオスマンは大通りの建設を、非衛生的地区を撤去する事業と考えていたのである。オペラ大通りというとオスマンのパリ大改造を象徴する通りであり、バルコニーの揃った建物

▲オスマンのシテ島大改造の結果、ノートルダム大聖堂前の広場も四倍になった。

が並ぶ先に、ガルニエのつくった華麗なオペラ座が見えることで知られている。しかしこの大通りをつくる理由となったのは、交通やモニュメントの眺望ではなく、スラム街を一掃して健全な街にすることであった。すなわち、このあたり一帯にあった非衛生な地区を取り壊すためだったのである。

オスマンによるもう一つの大規模な取り壊しは、シテ島で行われた。現在見るシテ島ではそれ自体がオスマンの作品と言ってよいほど、大規模な改造が行われた。

シテ島はパリ発祥の地であり、パリで最も古い中世の街並が残されていた。古いということは歴史的、文化的価値が高いということであるとともに、老朽化して非衛生であるということでもある。建物も密集している上、道路も狭く迷宮のように曲がり、一八四〇年には、警察から特に非衛生な地区であると指摘された。このような地区の常として貧しい人々が住み、治安も悪かった。オスマンの前任者のランビュトもこのことを認識し、二本の通りをつくっていたが、ほとんど現状を変えることはなかった。

オスマンは一八五六年、シテ島からスラムのような地区を一掃する事業を開始する。何しろ十九世紀末には人口が二万五千人も減少し、三分の一になったというのだから、どれだけの建物が取り壊されたかが理解されよう。ノートルダム大聖堂の前の広場もナポレオンの戴冠の時の四倍となり、現在の大きさとなる。こうしてランビュトが後ろに小公園をつくり、オスマンが前に広場をつくったことにより、現在のようにノートルダム大聖堂の姿を前方からも後方からも見ることができるようになった。

こうしてオスマンは、シテ島の老朽家屋の多くを取り壊した後、パリ警視庁や病院などの公共施設をゆったりとした敷地に配置することで、シテ島を新鮮な空気が通り、日照もある場所にした。おまけにノートルダム大聖堂も正面から見ることができるようになり、後にパリの観光に一役買うことになる。

▲二十世紀に入ってから非衛生地区に指定されたボーブール地区は撤去され、四十年後にポンピドー・センターが建てられる。

その一方でオスマンは、中世の街並だけではなくノートルダム大聖堂の周囲にあった二十四もの教会を壊している。優先すべきは歴史や文化か、それとも健康や衛生か。このような点で、オスマンの評価は分かれることになる。

二十世紀の取り壊し

二十世紀になると、病気の原因が病原体によるものであることが明らかになり、長い間ミアスムによるものだなどと言っていたことは、すぐに忘れられた。医学も公衆衛生も発達し、一九二一年には、結核の死亡率に基づいてパリにおける非衛生地区の指定が行われる。病気の原因がミアスムでなく病原体であることが分かっても、非衛生地区と病気とが関わっていることに変わりはない。その意味で、病気の原因が不明であったにせよ、十七世紀からの経験に基づき、非衛生な場所を無くそうと試みてきたことは間違っていなかったのである。

二十世紀になり、医学的知識に基づいて最初に非衛生地区に指定されたのは、パリ市庁舎の北にあるボーブール地区である。この地区は十九世紀、ランビュトが最初に既存建物を取り壊して、幅十三メートルの道路を開いた場所のすぐ西側である。

病気の原因が分かったところで非衛生地区への対応に変わりはなく、以前と同じように取り壊しが行われた。オスマンと同じことをしたわけであるが、さすがにミアスムを除去して新鮮な空気を入れるというような説明はなされなくなった。こうして非衛生なボーブール地区は撤去されたが、ここをどう利用するかは決まらず、四十年以上も、パリ市庁舎の北側にぽっかり空いた穴のような空地のままであった。

この空き地に建てられたのがポンピドー・センターであり、地元では地名によりボーブールと呼ばれている。レンゾ・ピアノとリチャード・ロジャースにより設計されたこの建物は、その後ハイテク建築と呼ばれることになる建物の先駆である。構造体の鉄骨を露出し、原色に塗られた派手な外観からは、以前この場所に非衛生地区があったとはとても思えない。ましてや百五十年前まで、非衛生地区で病気が多いのはミアスムのためであると考えていたことなど想像すらできない。

第十景
ラヴォアジェがパリに遺したもの
入市税を徴収するための都市壁

入市税と都市壁

高校で化学を学んだ人なら、「ラヴォアジェの法則」で知られるラヴォアジェの名前は覚えていることだろう。この法則は「質量保存の法則」とも呼ばれるものであり、これを打ち立てたのがアントワーヌ・ラヴォアジェ、弱冠二十五歳でアカデミーの会員となり、天才と呼ばれた化学者である。このラヴォアジェがフランス革命の際に処刑されたことは、一般にはほとんど知られていないようである。その処刑の理由といえば、入市税を徴収する都市壁をつくったためなのである。一体なぜ化学者が都市壁をつくり、そして処刑されなければならなかったのだろうか。

都市壁は、都市やそこに住む住民を護るためつくられるもので、敵が侵入してきた時には、周囲の町や村からも住民が避難して来る。日本の城とは異なり、ヨーロッパの都市壁は、王の居住する宮殿だけではなく市民の住む街まで含んだ広い地域を囲うのであるから、その建設期間も長くなれば、建設費も厖大なものになった。このような費用の代償として、都市壁の中に物品を持ち込む際には、入市税が掛けられることになっていた。この入市税は、パリでは大きな財源となっていた。

ところが都市壁の外に建物が建てられ、人が住むようになると、パリ市内への物品の持ち込みが少なくなり、入市税も減ることとなる。このため、歴代の王は繰り返し、都市壁の外に建物を建てることを禁じていた。十八世紀になってもこれは変わらず、ルイ十六世も一七二四年、一七六五年と二度にわたり、都市壁の外での建設を禁止する命令を出している。これは、命令を出したところで、入市税が掛からず物価も安い都市壁の外に住もうとする人が多かったことを意味している。

最後の都市壁であるチエールの壁は一九一九年に取り壊されるが、何とその後も入市税は徴収され続けている。市民にしてみれば、護ってくれる都市壁もないのに入市税を取られるのであるからたまったものではない。パリの入市税が廃止されるのは第二次世界大戦後の一九四八年であるから、いかに入市税が長い歴史の中で定着してきたかが分かる。パリ市としても別の財源を探さない以上、入市税を廃止することはできなかったのかもしれない。

入市税と税制との結び付きについては、メトロの建設をみても分かる。一九〇〇年、パリではメトロが建設され、この路線についてもパリ市議会の要望により、市内に限定することになった。郊外まで延長すると人口が流出し、市内の人口が減ると流入する物品も減少するので入市税も少なくなるためである。メトロを郊外まで延長するのはその約三十年後、一九二九年のことである。

国家財政委員ラヴォアジェ

フランス革命前のアンシャン・レジームの時代、入市税については徴税請負人が徴収することになっていた。この職は世襲されたり、買官により職に就いたりされており、公正に選ばれた公務員ではなかった。さらに、パリに物品を持ち込もうとする人々は、入市税だけでなく、徴税請負人に対しても手数料を払わなければならなかった。徴税請負人の中には、高額の手数料をいわばコミッションとして要求する者もいて、民衆の反感を買っていた。適切な試験で選ばれた公務員が法的に決められた税額を徴収しても、納める側からするなら不満の残るのが常なのに、なぜ選ばれたかも分からない民間人の徴税請負人に、通行のための賄賂を求められたら怒りたくなるのは当然であろう。

ラヴォアジェは徴税請負人の長官の娘と結婚していた。このような関係から、ラヴォアジェは化学者でありながらルイ十六世の治世において四十人いた国家財政委員の一人になり、パリを担当することになる。

ラヴォアジェが畑違いの税の仕事をするようになったのは、高額な実験器具を買うためであったと言われている。たとえばラヴォアジェの明らかにした質量保存の法則とは、物質は燃焼前後で質量が変わらないというもので、これを証明するためには、燃焼前後の物質や気体の質量を正確に測らなければならなかった。このように多額の研究費のかかる実験のため、ラヴォアジェが税について王政と関わることになったというのは頷ける話である。

当時のパリでは、入市税を徴収するにも並木と柵があるだけで、簡単に通り抜けることができたので、入市税や徴税請負人の手数料を逃れるために、密輸が横行していた。なお、パリに持ち込まれる主要な物品は、ワインを中心とする酒類であり、これが入市税の半分を占めていた。国家財政委員としてパリを担当することになったラヴォアジェは、密輸対策として、並木や柵に代わり石造りの壁をつくることを提案する。このように壁でパリを囲んでしまえば、市内に入るには関所である税関を通る他はない。さらにラヴォアジェは、密輸を取り締まる担当官も税関に配置することを考えた。

これまで都市壁は、都市やそこに住む市民を護るためにつくられてきた。もちろん都市壁の中に入る際に入市税は取られたが、これは都市壁の副次的な意味でしかなく、都市壁はあくまで防御のためであり、パリでは巨大で堅固なものがこれまで何度もつくられてきた。しかしラヴォアジェはパリの歴史上初めて、入市税を取るためだけに都市壁をつくろうとするのである。入市税のために都市壁をつくるというのは、ヨーロッパの都市において前例がないのではないかと思われる。ラヴォアジェの提案は一見あたりまえのように聞こえるが、都市壁は防御のためで、その規模ゆえに建設には費用も時間もかかる、という固定観念を当時の人々が持っていたとするなら、意外と斬新なアイデアなのかもしれない。

いずれにせよラヴォアジェの提案は受け入れられ、一七八四年には「徴税請負人の壁」と呼ばれることになる都市壁の建設が開始された。フランス革命の五年前のことである。これがラヴォアジェのその後の運命を決めることになる。

徴税請負人の壁

これまでパリにつくられてきた都市壁は、今日残るものを見ても分かるように、巨大で堅固であり、周囲には壕を巡らせることが多かった。これに対しラヴォアジェがつくろうとしたものは密輸を防ぐためのものなので、石造りにせよ高さは四メートル程度、幅も一メートル前後で、従来の都市壁とは比べものにならないほど小規模である。それでも従来の並木と柵に比べれば、簡単に通り抜けて密輸をすることができない規模であるといえよう。

この壁は、当時のパリでは郊外にあたる地域につくられ、その長さは二十四キロに及んだ。このように市街地を超えた地域に壁をつくったのは、できるだけ多くの建物を囲い込んでパリに入る物品を多くすることにより、入市税による税収を増やすためである。

こうしてパリは、周囲二十四キロにわたり、高さ四メートルの壁に囲まれることになった。しかしこのラヴォアジェによる徴税請負人の壁は、当時の思想と逆行するものであった。

十八世紀の啓蒙主義は、中世以来の密集した都市に代わり、空気や光の入る開かれた都市を目指すよう求めていた。このような思想を実践するため、ラヴォアジェが都市壁をつくり始めてから二年後の一七八六年、ルイ十六世は橋の上にある建物の取り壊しを命じている。これに対しパリを壁で取り囲むというのは、パリ市内と郊外との交通の妨げになるし、都市としての発展の邪魔になる。また既に述べたように、この時代はまだ汚れた空気であるミアスムが病気の原因であると考えられていた。パリを都市壁で囲むことは、郊外から流れてくる新鮮な空気を遮り、パリにミアスムを充満させるものであり、病気が発生しやすくなるのではないかと心配された。

このように、ラヴォアジェの考えには時代に逆行する面もあった。しかしその一方で、徴税請負人の壁の計画において、都市計画的な考えや郊外を美化する意図も持っていた。すなわちパリで伝統的に行われてきた美観整備を、郊外においても行おうとしたのである。

このためラヴォアジェは、徴税請負人の壁の内側に道路をつくり、郊外の各地を結ぶ環状道路とした。また壁の外側には並木道をつくり、石造りの壁が続く単調な景観を修景しようとしている。特に郊外の美観整備として、入市税を徴収する建物を王室建築家のクロード゠ニコラ・ルドゥーに、それぞれ異なるデザインで設計させている。日本の新幹線の駅のように、どこでも同じような形にするならコストも安く短期間でつくれるが、それでは美観整備にはならない。単に壁をつくるだけではなく、六十近い建物をすべて異なるデザインにしたことからも、ラヴォアジェが郊外の美化に真剣に取り組んでいるこ

▲モンソー公園に遺されている税関所。円柱の溝に、わずかにギリシア・ローマ建築の影響が見られる。

とが理解される。

ルドゥーの建物

郊外の美化の中心となったのは、徴税請負人と密輸取締官のいる建物である。これは税関、あるいは門と呼ばれている。フランス語ではバリエール(barrière)であり、都市壁や城塞にある入口としての門のことである。都市壁のない日本では、門というと塀に付いているものを思い浮かべてしまうようなので、ここでは建物を表すため「税関所」と呼ぶことにする。

この税関所はフランスで最初のオフィスとも言われる。当時の王に仕えた貴族や廷臣は王宮の中で執務をしており、今日の官庁のような建物はなかった。そう考えるなら税関所は、今で言うホワイトカラーのためのオフィスと言うこともできよう。ならばルドゥーは、フランスで最初のオフィスビルを設計した建築家ということになる。

二十四キロの壁に税関所がいくつあったかについては文献により異なり、四十五から六十六までとかなり差があるが、六十くらいとする文献が多いようである。六十もの建物を短期間で設計するのであるから、ルドゥーも大変だったに違いない。現在遺っている四つの建物もそれぞれが個性的であり、類似したデザインはない。このルドゥーの税関所を見て、ルイ十六世は大いに満足したと伝えられている。税関所は一七八四年から建てられ始め、フランス革命が勃発した一七八九年にはほとんどが完成していた。

ルドゥーの税関所の特徴について述べる前に、この時代の建築の状況について述べておきたい。十八世紀の後半の建築については、当時建てられていたパンテオンあるいはマドレーヌ寺院を見ればよく分かる。どちらもカトリックの教会として建てられていたが、その外観にはオーダーのある列柱やフロントンと呼ばれる三角形の切妻などがあり、

▲ヴィレットにある税関所。円、三角形、四角形という幾何学的な形の組み合わせでできている。

ギリシア建築のようである。

フランスでも十五世紀にルネサンスを迎え、ギリシア・ローマの建築が理想とされた。このためフランスでは毎年、若くて優秀な建築家に奨学金を与えてローマに留学させていた。このことからも分かる通り、フランスでは十七世紀まで古典主義と呼ばれるギリシア・ローマ建築の様式を取り入れた建築が主流になっていた。ところが十八世紀、啓蒙の時代を迎え、様々な国や時代の建築や様式が研究されるようになる。やがて十九世紀を迎えると、これら様々な様式を取り入れて建物をつくる折衷主義（エクレクティシズム）の時代となる。ルドゥーが税関所の建物をつくろうとしたのは、古典主義の最後の時期、エクレクティシズムに移行しようとする時期であった。

ルドゥーは税関所を設計するにあたり、当時の古典主義の様式を安易に用いるようなことはしていない。古典主義の源であるギリシア・ローマ建築だけではなく、ビザンティン、エジプト、メソポタミアなど、当時の研究により知られていた世界の様々な建築を参考にしている。しかし十九世紀のエクレクティシズムとは異なり、様々な建築の様式をそのまま取り入れて建物をつくるようなことはしていない。建築の根源的な形を求め、様々な建築の様式の中から幾何学的な円、球、三角形、四角形などの形を取り出し、これらの組み合わせにより、これまでにないモニュメンタルな建築をつくり出している。

またルドゥーは装飾をほとんど用いていない。モンソー公園の税関所など、円柱にのみ縦に溝があり、わずかにギリシア・ローマ建築の影響が見られるだけである。何しろ二十世紀になってからも、「装飾は罪悪である」と言ったアドルフ・ロースがウィーンで装飾のない建物をつくり、人々は驚いたのであるから、建築と装飾とが結び付いていた十八世紀としては、驚くべきことである。

それまでの建築では、装飾は建築の様式あるいは国の文化と密接に関連していた。し

たがって装飾を用いないことは、様式が不明であり、特定の国々や時代と関連のない建築ということになる。いわば、どこの国にも見られなかった幻想的な建築である。実際二十世紀になり、現実と離れた世界を描くキュビズムやシュールレアリスムの画家達が、ルドゥーの建築を再発見することになる。確かにルドゥーの税関所を見ていると、シュールレアリストであるダリの絵の背景に描かれていてもおかしくないように思える。

フランス革命とラヴォアジェ

ラヴォアジェの提案でつくられた都市壁により密輸が少なくなることは、パリに入ってくる物品に入市税が掛けられることが多くなることを意味するわけで、当然物価は上がることになる。この結果、パリ市民の不満は入市税を取り立てる徴税請負人に向けられた。フランス革命の二日前、王制への不満とともに、物価を高くして市民の生活を苦しくしている元凶として不満が向けられた税関所は暴徒により襲撃され、多くの徴税請負人が殺されたうえ、その多くが焼かれた。

フランス革命後に革命政府ができると、かつて王制を支えた人々は次々と投獄され、その中には処刑された者も多かった。ラヴォアジェも徴税請負人の壁をつくったことにより投獄された。一七八四年五月八日、たった一日の裁判で死刑が宣告され、その日のうちにギロチンにより処刑された。現在では信じられないような乱暴な手続きであるが、革命の熱狂が支配していた時期なら公正な裁判など望むべくもないのかもしれない。

ラヴォアジェの処刑について、「ラグランジュの四方定理」で知られる数学者であり天文学者でもあったジョゼフ＝ルイ・ラグランジュは、「彼の頭を切り落とすことは一瞬だが、彼と同じ頭脳を持つものが現れるには百年かかるだろう」と語ったと言われる。このラグランジュも王制と結び付いており、マリー・アントワネットの家庭教師をしていた。

ラヴォアジェやラグランジュに限らず当時の科学者は、研究を行う上で王や貴族などの庇護を受けることが少なくなかった。それでは何故ラヴォアジェだけが処刑されたのだろうか。

一説によると、当時ロベスピエールやダントンと共に革命政府を動かしていたマラーに恨まれたからであるという。マラーはかつて化学者であり、彼の論文をラヴォアジェが審査することになった。しかしラヴォアジェがこれを評価しなかったために、その報復としてラヴォアジェを処刑したとの説である。しかしこれはあまりに個人的な関係だけを考えた話ではないかと思う。ラヴォアジェのつくった壁は民衆の不満を呼び、革命前の暴動により多くの徴税請負人が殺されていた。このような民衆の怒りの前では、革命政府としても、ラヴォアジェがいかに優秀な化学者であったにせよ処刑する他はなかったのだと思う。

いずれにせよラヴォアジェの法則を打ち立てた科学者は処刑され、ラグランジュの定理を明らかにした科学者は生き残ることになった。

一方、税関所を設計したルドゥーは投獄されたものの処刑は免れた。ルドゥーは王室建築家ではあったが、同胞愛に基づく共和国を理想と考える、一種の空想的社会主義者であったと言われる。税関所も建築家として依頼されたためつくったのであって、入市税を徴収することを主張したわけでも、そのための都市壁をつくるよう唱えたわけでもなかった。このため投獄のみで済み、恐怖政治の時代も生き延びることができたのである。

ブールヴァールと税関所

ラヴォアジェの提案によりつくられた二十四キロにも及ぶ都市壁は、十九世紀の半ばにナポレオン三世の下でパリ大改造を行ったオスマンにより取り壊された。オスマンは、

▲クリシー大通り。徴税請負人の壁の跡につくられたブールヴァールである。

▲クリシー広場。以前ここにはルドゥーの建てた税関所があった。

その跡に並木道のある大通りをつくることになる。十八世紀にルイ十四世がバスチーユから現在のマドレーヌ教会の位置まであった都市壁を取り壊し、グラン・ブールヴァールをつくったことに倣ったわけである。そのため、徴税請負人の壁の跡につくられた大通りは「外側のブールヴァール」を意味するブールヴァール・エクステリウールと呼ばれることになる。

現在、モンマルトルを通っているクリシー大通りは、この外側のブールヴァールであり、かつてここにはラヴォアジェのつくった壁が建てられていた。この大通りの途中にクリシー広場があるが、ここはルドゥーの税関所があった場所である。クリシー大通りやクリシー広場の大きさを見ると、ラヴォアジェの考えた都市壁や入市税を徴収する建物がいかに大規模なものであったかが理解される。何しろ防御用の都市壁ではないため、高さは四メートル、幅は一メートルしかないが、ラヴォアジェは郊外の美化や都市計画を考え、内部に環状道路、外側に並木道を設けていた。その結果、現在のように広いブールヴァールをつくることができたのである。

ルドゥーが建てた税関所は、現在四つ遺されているだけである。その他は正確な数さえ分からないように、フランス革命の混乱の中で破壊されてしまった。私としてはもっと遺しておいて欲しかったのだが、民衆に憎まれていたことを考えれば、革命政府によりすべてが取り壊されなかっただけでもよしとしなくてはならないのかもしれない。

現在、ヴィレットなどに遺されている税関所は、装飾もほとんどなく、様式も不明なため、いつの時代のものかと思わせる。また円、三角形、四角形などの組み合わせは、ル・コルビュジエの主張を先取りするようであり、現代的で新鮮な驚きを与えてくれる。これら四つの税関所だけが、郊外を美化しようと考えたラヴォアジェの夢を今に伝えている。

第十一景
要塞化した建物
コンシェルジュリーとサン・ジェルマン・デ・プレ教会

修道院と王宮

パリで最も有名な教会の一つにサン・ジェルマン・デ・プレ教会がある。知名度の点ではノートルダム大聖堂には及ばないものの、地名やメトロの駅名にまでなっている点では、ノートルダム大聖堂にも勝っているだろう。しかし実際に見るならば、サン・ジェルマン・デ・プレ教会は小さいうえ、装飾も簡素であり、もっと大きく豊かな装飾のある教会がパリにはたくさんあるのに、なぜこの教会がこれほど有名なのかと疑問に思う人も多いのではないかと思う。

パリには、このように装飾が簡素でも有名な建物がもう一つある。コンシェルジュリーである。この建物も、四つの塔が外観を引き立たせているが、外観を見渡しても装飾はほとんどなく、石が堅固に積み上げられているだけである。ここはかつて、あのマリー・アントワネットも入れられた牢獄であり、「牢獄なら、装飾がないのは当然だ」と言う人もあるかもしれない。しかし、コンシェルジュリーはれっきとした王宮だったのである。それが牢獄と聞いても頷ける外観をしているのは、なぜだろうか。

実は、サン・ジェルマン・デ・プレ教会もコンシェルジュリーも、外敵を防ぐことを考え

▲サン・ジェルマン・デ・プレ教会は、建物の防御を考えたため装飾や開口部が少ない。

てつくられた、いわば要塞化された建物なのである。

パリで最初に都市壁がつくられたのは一一九〇年のことである。それ以前も、パリの街を護る必要がなかったわけではない。それどころか数世紀にわたり、「ヴァイキング」の名で知られるノルマン人がセーヌ川を遡上し、パリの街を掠奪してきた。ところが都市壁をつくるには多大の経費と労力が必要であり、小さな街に過ぎなかった当時のパリには、とても無理なことであった。

そうなると、建物自体を要塞化して敵に備える他にはない。これはパリだけではなく他の都市でも同じであり、中世の初期を通して見られたことである。中心となった建物はシャトーや修道院である。日本ではシャトーというとロマンチックなイメージがあるようだが、実際は中世における領主の館であり、領土争いなどの時に備え、堅固な城塞としてつくられていた。これらは特に「シャトー・フォー(château fort)」と呼ばれ、「城塞」あるいは「砦」などと訳されている。王のシャトーが王宮であるから、コンシェルジュリーが要塞のような外観であるのは当然のことなのかもしれない。

サン・ジェルマン・デ・プレ修道院と要塞化

修道院については、日本では対応する施設がないので、ほとんど理解されていないようである。修道院は壁で囲まれた巨大な宗教施設であり、中世における文明を体現する存在であった。何しろ修道院の中には、教会、回廊、巡礼者のための宿泊所、食堂、農産物加工所、手工業アトリエ、さらには病院まであり、施設というよりも都市に近いものであった。ただ一般の都市と異なるのは、「神への祈り」があらゆる生活の中心にあったことである。

中世においては、カトリックの力が現在と比べものにならないほど巨大であった。たとえば十世紀には、パリの土地の三分の二をカトリックの教会や修道院が所有していた。その中でもサン・ジェルマン・デ・プレ修道院は別格であり、左岸の土地の大部分を持っていた。また修道院だけでなく、教会もカストラ（castra）という壁に囲まれていた。当時の産業といえば農業であり、土地を所有し、農業経営を行うことにより修道院や教会は地方領主のように富を蓄えていた。そうなれば当然、ノルマン人たちの襲撃を受けることとなるわけで、壁は防衛する上で不可欠のものであった。

　サン・ジェルマン・デ・プレ修道院は、スペイン遠征で持ち帰った聖遺物を保存する修道院として五四二年に建てられた。聖遺物とは、キリストの衣服や荊の冠など聖者が身に付けていたといわれる物で、今では信じられないが、中世の時代多くの聖職者や王が熱狂的に求めていた。この修道院は、草原（プレ）に建てられたのでデ・プレ、パリ司教であった聖ジェルマンの名を取ってサン・ジェルマン・デ・プレ修道院と呼ばれることになった。その規模と名声は、関係する聖職者の中から四十四名ものフランス国王を輩出したことからも知ることができよう。

　高名な修道院として富を蓄えていたため、セーヌ川を遡上してくるノルマン人の格好の標的となり、四回も掠奪を受けた。フィリップ・オーギュストが都市壁をつくる以前はもとより、つくった後でも壁の外だったので、修道院としては、自らを護るためには建物を要塞化する他はなかった。現在のサン・ジェルマン・デ・プレ教会は、たび重なるノルマン人たちの襲撃の後、一〇二一年に再建されたものであり、装飾や開口部の少ないいかにも質実剛健とした外観は、要塞化した時の様子を伝えるものである。

　修道院は周囲に土地を所有し、農業を営む大地主でもあった。ましてサン・ジェルマン・デ・プレ修道院ともなると左岸でも広大な土地を所有しており、ノルマン人の来襲の際には、周囲に住む農民や商人、手工業者も逃げ込んでくることになる。そのための防御として十四世紀後半には、この修道院の壁はセーヌ川にまで達するようになるのだから、これはもはや修道院の壁というよりは都市壁といってよいだろう。実際、壁の外側には壕まであったというから、まさに要塞であった。

十七世紀末に、サン・ジェルマン・デ・プレ修道院を囲む壁は取り壊された。その外には、修道院の繁栄により、日本の門前町のように街(ブール)が形成されていた。これらの街は、「壁の外の街」を表すフォーブールと呼ばれることになる。やがてここに貴族の館が建設されるようになり、今日のフォーブール・サン・ジェルマン・デ・プレへと発展することになる。このフォーブールという言葉によってのみ、かつて修道院を取り囲む壁のあったことが分かる。

ロマネスク様式と要塞

ガイドブックを見れば、サン・ジェルマン・デ・プレ教会はロマネスク様式であることが分かる。ロマネスクとはローマ風ということであり、フランスにおいてまだ建築の技術が遅れていた十一世紀から十二世紀にかけて、先進地であった北イタリアから来た現在の建設業者にあたる石工が建てた様式である。やがて十二世紀以降、フランスでも建築の技術が発展し、独自の様式であるゴシックが誕生して、フランス各地に大聖堂が建てられることになる。

パリに残るロマネスクの様式は少ない。これは古いことにもよるが、この様式が用いられた時代、ノルマン人により襲撃されたり、破壊されることが多かったためである。この中でもサン・ジェルマン・デ・プレ教会は、現在まで遺された数少ないロマネスクの建物である。

この教会を見ると、装飾が簡素なだけでなく、開口部が少なく壁面が多いことが分かる。開口部が少ないのは、構造的に未発達で大きな開口部をつくれないことにもよる。何しろ石を一つひとつ積み上げてつくる組積造《そせきぞう》のため、開口部を広く取ることはいつの時代でも難しく、まして石工を北イタリアから呼び寄せるような時代、とても大きな開口部など技術的に困難であった。

ただ、このように開口部も装飾も少ないというのは、様式や技術の問題もあるが、何よりも建物を防御するという時代の要請によるものである。掠奪に来るノルマン人を撃退することが建物をつくる上での至上命令である以上、建物を飾る装飾などを考える余裕はなかったのである。

パリの王宮

イギリスで王宮といえば、すぐにロンドンにあるバッキンガム宮殿を思い出すだろう。しかしフランスやパリで王宮というと、どこだろうかと思い悩むに違いない。すぐに思い浮かべるのはルーヴル宮殿、あるいはパリから離れるがヴェルサイユ宮殿だろう。歴史に詳しい人なら、さらにチュイルリー宮殿、パレ・ロワイヤル、フォンテンヌブロー、あるいはマレ地区のサン・ポール館などを挙げるかもしれない。しかしパリでは、シテ島の西に十世紀から十四世紀まで、王宮が置かれていたのである。

十世紀以前にもシテ島に王宮はあったが、王は各地にある領地で徴税と裁判を行うために出かけることが多く、パリに戻ってきた時に滞在する程度であった。このため王宮はあっても、主である王が不在のことが多かった。

では十四世紀以降はどうかというと、一三五八年に当時のパリ市長的な立場にあったエティエンヌ・マルセルが、シャルル皇太子の目の前で重臣を殺害する事件を起こす。後にシャルル五世となった王は、王宮を危険であると感じてシテ島から右岸に移り、ルーヴ

ル宮殿やマレ地区のサン・ポールの館などに滞在した。その後、歴代の王もシャルル五世に倣い、まるでジプシーのように居城を変えることになる。このためフランスでは定まった王宮がなくなり、王宮と聞かれても一つの建物を示すことができなくなる。

もう一つパリの王宮について言っておくべきことは、歴代の王がパリを好まなかったことである。ルイ十四世が、パリから離れて人里離れた沼地であるヴェルサイユの地に壮大な宮殿をつくったことはよく知られている。しかしこれはルイ十四世に限ったことではない。フランソワ一世はフォンテンヌブローに住むことが多く、スペインとの戦争で囚われの身になった時、パリ市民は身代金を払う代わりに王がパリに定住することを求めている。

今から思うと意外な話であるが、それでも歴代の王による街の美化により、次第にパリも王や皇帝が住み着くようになっていく。

王宮と要塞化

ローマ時代、既にシテ島の西側には総督邸があった。ローマ帝国が滅亡した後、王宮がここにできたものの、既に述べたように王は各地の領地に出向くことが多かった。ようやく十世紀以降、王の滞在する宮殿として次第に整備されてくる。

宮殿というと、華やかな装飾が施された華麗な建物を思い浮かべる。しかし十世紀のパリは、セーヌ川を遡上してくるノルマン人により絶えず脅かされており、王の居住する宮殿も要塞として第一に防御が求められていた。なにしろフィリップ・オーギュストの壁がつくられるのが一一九〇年であるから、それ以前は建物を堅固にして、ここで来襲するノルマン人を迎え撃つ他はなかった。そうなれば王宮といえど、華やかさよりも武装することが重要になってくる。王宮が整備されたのは十三世紀、聖ルイと呼ばれたルイ

▲コンシェルジュリーはかつて要塞化された王宮であった。

九世の時代である。その後、王宮は幾度となく火災により焼失し、そのたびに再建されてきたうえ、高等法院への模様替えなどでその姿を大きく変えている。それでもコンシェルジュリーには、かつて要塞としてノルマン人と対峙した時の面影を見ることができる。小さな開口部しかない三つの円形の塔など、まさに城塞を思わせるような姿である。

一一九〇年、フィリップ・オーギュストが右岸に、そして次に左岸にパリで初めて都市壁をつくる。これで陸上から来る敵には対抗できるが、問題はセーヌ川である。ノルマン人たちは川から船で来襲するので、都市壁では効果がない。そこでフィリップ・オーギュストはパリの最も弱い場所にルーヴルの砦を築くことにする。この砦からセーヌの対岸まで鎖を渡すなら、ノルマン人の船をここで止めることができる。

このようにして、十三世紀の初めには、パリもようやく敵の侵入を防ぐ手だてが整うことになる。それでも都市壁とルーヴルの砦で、あらゆる敵を撃退できるようになったわけではない。しかし王宮も他の建物も、これまでほど要塞化を考えずに済むようになった。

シャルル五世以降、歴代の王は住む場所を転々と変えるが、これも都市壁ができたため可能なことで、都市壁がなければ、要塞化していない建物ではノルマン人の襲撃を防げなかったろう。したがって、都市壁は王が居住する建物を移ることを可能にしただけではなく、建物も要塞化しないですむようにしたわけである。

コンシェルジュリーと牢獄

日本でも最近、「コンシェルジュ」という言葉を時々聞くようになってきた。ホテルの案内係やイベント会場や商店街などの案内係として用いられることが多いようであるが、これはフランス語でアパルトマンの管理人のことである。

コンシェルジュリーの円形の塔は、
ヴィオレ・ル・デュクが修復した。

しかしコンシェルジュの本来の意味は、王宮の官房長官のことであった。このコンシェルジュの管理する場所がコンシェルジュリーである。要するに王宮の中は、王が居住し、管理する場所と共に、現在で言うなら国家公務員が勤務する官庁にあたる場所があり、後者がコンシェルジュリーであると言えよう。もちろん両者は結び付いており、どちらも都市壁ができる以前には要塞としてつくられていた。

王の役割は、王宮が機能し始める十世紀以前から、徴税と裁判であった。徴税や財政は当然としても、裁判というのは日本人には意外なことではないだろうか。日本では将軍にせよ大名にせよ、裁判が大きな役割であったというのはほとんど聞いたことがないからである。これは日本とヨーロッパにおける、司法についての考え方の差なのかもしれない。いずれにせよ王宮、特にコンシェルジュリーは裁判所の役割を果たしてきた。

エティエンヌ・マルセルの乱により、十四世紀末に王がシテ王宮から出て行くと、ここでは司法機能が拡大して、高等法院となる。それ以前から、裁判には刑事裁判もあるのでコンシェルジュリーには牢獄があったが、司法機能が強まったため、十五世紀にはパリで最大の刑務所となった。こうして、かつての王宮が牢獄になるという、日本では考えられないような用途変更が起きることになる。これが、ルーヴルやヴェルサイユ宮殿などの華麗な外観の宮殿で起きたのなら驚くが、コンシェルジュリーの場合、建物自体が要塞としてつくられているため、マリー・アントワネットが入れられていた牢獄と聞いてもそれほど違和感はない。むしろ王宮であったと言われると、フランスの宮殿としては簡素すぎるという印象を受けるのではないだろうか。

ヴィオレ・ル・デュクの修復

十九世紀、ノートルダム大聖堂やサントシャペルを修復したヴィオレ・ル・デュクが、コ

▲城塞都市のカルカソンヌは、ヴィオレ・ル・デュクがロワール川流域の様式で修復した。

ンシェルジュリーの修復も担当することになるのだが、ここでも修復というよりは創作に近い工事を行っている。

コンシェルジュリーを見た人は、円形の三本の塔をどこかで見たことがあると思うのではないだろうか。南フランスにある世界遺産にも登録されているカルカソンヌである。この城塞で囲まれた都市には、コンシェルジュリーと同じような形の円筒形で、黒い円錐形の屋根の載った塔が城塞の至るところに建っているが、これもヴィオレ・ル・デュクが修復しているのである。

ヴィオレ・ル・デュクはカルカソンヌの城塞について、北フランスのロワール川流域の様式で修復している。

同じくコンシェルジュリーの修復にもロワール川流域の様式を用いているので、両者が似てくるのは当然である。修復後の形を原型と比べてみた場合、パリとロワール川流域は地理的に近く、建築の様式も類似しているので、ヴィオレ・ル・デュクの修復したコンシェルジュリーの塔の形は、古い絵画や版画に描かれた形に近い。しかしヴィオレ・ル・デュクは四つの塔を再配置しているうえ、形についても最も東にある四角の時計塔ではかなり変えている。それでも中世以来の要塞化された建物の雰囲気は十分に伝えている。

中世も初期の時代には都市壁さえなく、建物を要塞化することでセーヌ川を遡上してくるノルマン人を迎え撃たなければならなかった。サン・ジェルマン・デ・プレ教会やコンシェルジュリーに装飾が少なく、無骨な印象を与えるのも、建物を護ることを第一に考えられてきたからである。しかしその後、都市壁により護られた時代が続いたため、かつての要塞化した時代の姿を想像することはできない。

第十二景
ドーム礼賛
広場から見るか、軸線上から見るか

佇む広場と見る広場

パリで「広場」というと、どのようなものを思い浮かべるだろうか。やはり印象に残るヴァンドーム広場のようなフランス式広場であろうか。幾何学的な形、周囲の整然としたファサード、そして中央のモニュメント。これらを備えた広場は、確かにイメージアビリティの高い、心に残る空間である。しかしパリはもとよりフランスでは、広い交差点などもそう呼ばれるように、周囲が開けて見渡せる場所を広場と呼ぶようである。たとえばオペラ広場などはメトロの出入口にもなっており、ガルニエのオペラ座がよく見える場所でしかない。ここに留まるのはせいぜいカメラを構えた観光客だけであろう。他の広場でも周囲や内部を車が走ることが多く、案外カフェを飲みながら佇むことのできる場所は少ないようである。

カミロ・ジッテは不整形な形をしていて、中は空いており、モニュメントは端に置かれるということを、イタリアを中心とするヨーロッパの広場の条件としている。私としてはこれに歩行者が佇めるということを加えたいと思う。イタリアなどの広場では車両の通行が制限され、広場に張り出したオープンカフェでゆったり過ごすことができる。一

▲ソルボンヌ教会のドームを見るため、リシュリューは広場をつくった。

方パリではこのようなカフェは大通り沿いの歩道にあり、ここから空いた空間である広場を通して教会などのモニュメントを眺めることが多い。

ところがパリにも、中央が空いていて端にモニュメントがあり、ゆったり滞在できる広場がある。学生街のカルチエ・ラタンにあるソルボンヌ広場である。

リシュリューとソルボンヌ広場

長方形のソルボンヌ広場の西側にはサン・ミッシェル大通りが通っており、四方が閉ざされているわけではない。それでも通りに面している部分は短辺であり、中へ入ると歩行者のための落ち着いた空間が待っている。中央には噴水があるが、ここでの主役は何よりも、奥に見えるソルボンヌ教会のファサードとその背後のドームである。かつて私はパリに来ると、車が側を通らないこの広場で、ソルボンヌ教会を横目に見ながらオープンカフェに座って過ごすことが多かった。ただ残念なことに、以前は学生が多かったのであるが、近年は観光客の姿ばかり目に付くようになったので次第に足が遠のくようになってしまった。

それではソルボンヌ広場は、どうしてパリに生まれたのだろうか。

ソルボンヌ教会は、ソルボンヌ大学として知られている、正式な名称ではパリ第三、第四大学の教会である。ソルボンヌ大学は、一二五三年にパリ司教参事会員であったロベール・ソルボンのつくった学寮に起源があることはよく知られている。しかし歴史はそう簡単に続くものではない。

十七世紀の初めには、ソルボンヌの神学校も荒廃していた。この学校の再建を行ったのが、カトリックの枢機卿にしてルイ十三世の宰相であるリシュリューである。リシュリューは校長になり再建に着手するが、その中心となったのが礼拝堂であり、ここに自分

▲マレ地区にあるサン・ポール・サン・ルイ教会は、パリで最初のドームの付いた教会である。

の墓をつくることを考えていた。この礼拝堂は一六三五年に着工し、中央にドームのあるバロックの様式とした。これが現在のソルボンヌ教会である。

リシュリューは礼拝堂を建てただけではなく、これを見るための広場を計画した。この一帯はパリでも最も古い地区の一つであり、多くの建物が建っていたが、これらを買い取り、リシュリューの死後に後継者が広場をつくることになる。現在では、教会の前に広場をつくるということは当然のことのようであるが、当時としては画期的なことであった。

というのは、当時はノートルダム大聖堂でさえ、正面はもとより側面も背後も建物で囲まれていた。さすがに正面だけには、ポルタイユと呼ばれる入口が三カ所あるので、パーヴィと呼ばれる広場があった。パーヴィ(parvis)とは、教会前広場のことであるが、イタリアの広場のように広い場所ではない。この語はフランス語で天国、すなわちパラディへの通路を表すもので、当時の人々はここから天高く聳える教会を仰ぎ見ては、天国に思いを馳せていた。現在のように単なる建物として教会を考え、ファサードがよく見えるように広場をつくるというようなことはなかったのである。

それでは何故リシュリューは広場をつくろうとしたのだろうか。

ドームと広場

パリで最初につくられたドームは、マレ地区にあるサン・ポール・サン・ルイ教会である。

この教会は、リヴォリ通りから東に続くサン・タントワーヌ通りに面して、周囲の建物よりひときわ高く建っている。何しろ一六二七年に着工した古い教会であり、両側の建物に接して建てられ、窮屈な印象を受ける。

一見しただけでは、この教会にドームがあることは分からないと思う。両側に建物があるので、前方から見る他はない。ところが背後のドームは教会のファサードよりもやや高いだけで、道路の反対側に行ってもファサードの後方にわずかに顔を覗かせているだけである。この教会の斜め向かいにある通路に入って、ようやくドームの姿を見ることができる。

サン・ポール・サン・ルイ教会が建てられた後、教会にドームをつくることが流行する。ドームは従来の教会建築にはないもので、外部から見た時のシルエットの美しさ、内部から見た時の天に吸い込まれるように収斂する空間が人々に強い印象を与えたようである。リシュリューもその一人らしく、ソルボンヌの礼拝堂をつくるのは、サン・ポール・サン・ルイ教会の竣工の後である。

サン・ポール・サン・ルイ教会でドームがよく見えなかった理由は、二つある。一つは、背後にあるドームに対してファサードが高すぎることである。これではドームの上の部分しか見ることができない。もう一つは、ドームを見るための場所がないことである。前面にある道路の反対側からでは近すぎて、前面のファサードは見ることができても、背後のドームはファサードに隠れてほとんど見ることができない。

このような前例があったので、リシュリューはファサードよりもドームをずっと高くすると共に、礼拝堂の前面に長く伸びる広場をつくったわけである。こうしてドームを見るために、イタリアの広場のような、モニュメントが端にあり中央の空いた広場がパリにもできることになる。

ドームを見る場所

ドームのある教会がつくられるようになると、これを見るための場所が問題になって

くる。

ヴァル・ド・グラース教会は修道院の教会として、一六四五年に着工された。ここにはルイ十三世の妃であるアンヌ・ドートリッシュの利用した女子修道院があり、王妃がここで祈りを捧げたところ待望の王子、後のルイ十四世が生まれた。祈願に答えてくれた神に感謝するために建てたのが、この教会である。もちろんここにもドームがあり、いかにドーム建築が当時流行していたかが分かる。

このヴァル・ド・グラースの側には、ソルボンヌ教会とは逆に、幅はあるが奥行きの短い広場がある。そのため、広場の後方に立っても、ドームはファサードの上にわずかに見えるだけである。広場の隅に来ると、ようやくファサードの斜め後方にドームを見ることができる。

王妃がドームのある教会を建てたのに、広場の正面からドームが見えないということで、ヴァル・ド・グラース教会の前に道がつくられることになる。このヴァル・ド・グラース通りを端から歩くなら、確かに教会から離れているので、前面のファサードも後方のドームも見ることができる。しかし道があまりに狭いために両側の建物が迫り、まるで谷底から前方にある教会を見るようで、とても教会のファサードやドームを見る場所とは思えない。

それから一世紀以上経ってから、スフロがパンテオンを建てることになる。ヴァル・ド・グラース教会の教訓があったため、スフロはパンテオンの正面にファサード全体が見える幅の広い通りを計画した。この結果、広い通りの先のパンテオンのファサードと共に、背後の巨大なドームをゆったりとした空間の中で見ることができるようになった。

▲ヴァル・ド・グラース教会のドームを見るため、正面に道路がつくられた。

▲アンヴァリッドの正面には庭と前庭があり、背後のドーム教会をよく見ることができる。

ドームの完成——アンヴァリッド

パリでドームのある建物、ドームを見ることのできる広場というと、アンヴァリッドということになろう。何しろ教会が「ドーム教会」という名なのである。その規模からして雄大であり、左岸のホテルに宿泊して六階や七階にでも部屋を取れば、ナポレオンの墓もある金色に輝くドームを、窓からパリの屋根越しに見ることができよう。

アンヴァリッドは四千人を収容できるという大規模な施設であり、この南側の棟の中央にドーム教会はある。しかしアンヴァリッドの正面は北側であり、ドーム教会も北側から見ることも考慮に入れて計画されている。

ルイ十四世により、傷痍軍人を収容する廃兵院として、一六七〇年にアンヴァリッドはつくられた。竣工したアンヴァリッドをさらに美化するため、ルイ十四世は当時の建築界の第一人者であったアルドゥアン・マンサールに教会をつくるように命じた。太陽王と呼ばれたルイ十四世の要望に応えようと、サン・ポール・サン・ルイ教会以来つくられてきたドームのある教会の完成した形を実現すべく、マンサールの設計したのがこのドーム教会である。

マンサールにとって幸いだったのは、広い空間が周囲に残されていたことである。アンヴァリッドの正面にあたる北側を見ると、建物の前には壕で囲まれた広い庭園があり、庭園の端からでも、前面の建物のファサードと後方にあるドームを見ることができる。

さらに十八世紀の初めには、エスプラナッドと呼ばれる幅二百五十メートル、長さ五百メートルの前庭が、この庭園からセーヌ川までつくられる。この結果、広大な緑地の先にアンヴァリッドの前面のファサードが横に広がり、その背後に金色に輝くドームが周囲を見渡すかのように姿を見せるという、これまでのドームのある教会にはなかったスケールの大きな景観となったのである。

ドームをどこから見るか

建築や文化遺産に関する本はもとより一般のガイドブックでも、ドームのある教会について、古典主義、バロック、ローマの影響など、様式や装飾について様々な説明がなされている。しかし様式もさることながら、どのような場所にあり、周囲からどのように見えるかということが、何よりの問題ではないだろうか。

どれくらい離れると建物が最もよく見えるかということについては、「メルテンスの法則」と呼ばれる経験則があり、建物全体を見るのには、建物の前面からその高さの二倍離れて見るのがよいとされる。しかしパリには、この経験則を単純に適用できない建物や空間が多いようである。ファサードの後方に、ファサードの倍近い高さのあるドームを持つ建物もそうで、建物の前面から二倍離れただけでは、ファサードはよく見えても背後のドームは一部しか見えない。一方、建物から離れれば離れるほど、後方にあるドームを含む全景がよく見えるようになる。

離れた場所からドームを含む全景を見ることができるのは、何といっても広大な庭と前庭を併せ持つアンヴァリッドである。しかし稠密なパリで、このような広大な前庭を他につくることは難しい。このため、ヴァル・ド・グラース教会やパンテオンでは、正面から延びる道路がつくられている。確かに道路をつくれば、建物から十分離れることができるため、全景を見ることができるようになるが、しかし建物は道路の先に小さく見えることになる。

こうなると建物のファサードやドームをよく見るというよりも、道路が主役となり、道路の先にモニュメントがあるという意味合いが強くなる。このような手法は、やがて十九世紀になり、オスマンが大規模に用いることになる。

オスマンのパリ大改造では、単に大通りを通すだけではなく、その起点にモニュメントを設置するという美観整備を行った。この際、モニュメントが起点にない場合、大通りの先にドームが見えるように道路を計画している。たとえば、サン・ルイ島の東部を斜めに横断するアンリ四世通りは、パンテオンのドームが道路の先に見えるようにつくられている。また北からシテ島に向かうセバストポール大通りでは、道路の先にある商業裁判所に、目印となるようわざわざドームを設置している。すなわち「ドームのある建物」を見るのではなく、パリの街並の上に突き出ている「ドーム」だけを、道路の延長にある目印としたわけである。

こうしてドームは、形態的な美しさや象徴性のため、教会の一部分からそれ自体がシンボルとなり、やがてパリの都市計画に用いられるようになった。

ドームの中のドーム

フランス語でドーム（dome）とは丸屋根の外観のことで、内側から見た空間はクーポル（coupole）と呼ばれる。そしてラ・クーポル、すなわちクーポルの代表とされるのは、学士院の建物である。この建物はルーブルの対岸にあり、ポン・デ・ザールの橋により結ばれている。パリにはアンヴァリッドやパンテオンなど、これよりもずっと大きなクーポルのあるモニュメントがあるが、学士院がクーポルの代表と見なされるのは、フランス最高の知性が集まる権威のためであろう。

この建物は、ルイ十四世の事実上の宰相であったジュール・マザランにより四国学院として建てられた。太陽王と呼ばれたことから分かるように、ルイ十四世の時代はフランスの国力の絶頂期であり、フランスは戦争により領土を拡張していた。マザランは

▲学士院の前にポン・デ・ザールが架けられた。この橋からドームを含む学士院の全景を見ることができる。

一六六一年に亡くなる際に、遺言により新たに獲得した領土の子どもたちのために教育施設をつくるよう伝えていた。こうしてできたのが四国学院で、「四国」とはフランスが戦争により編入した東西南北の領土を表している。

四国学院を設計したのは、ヴェルサイユ宮殿の中央棟の工事を指導した王室主席建築家のルイ・ル・ヴォーである。ル・ヴォーは、ルーヴル宮殿で王の部屋を設計しており、宮殿の対岸に四国学院をつくることを提案した。セーヌを挟んで向かい合うという絶好の場所に、自らの名声を高めるような作品をつくりたかったのだろう。

一六八四年、ル・ヴォーが自ら選定した土地に四国学院は完成した。当時の流行であったドームを中央の棟の後方に建て、ゆるやかな円を描く広場を囲むよう左右対称に両翼がつくられた。広場は奥行きがないうえ、その前はセーヌ川なので、広場からはドームが前面のファサードに隠されてよく見えない。かといって対岸のルーヴル宮殿からでは、全景はよく見えるものの、遠すぎて小さくしか見えない。ル・ヴォーもまた、建物を設計することはできても、これを眺める場まではつくることができなかったのである。

その後フランス革命により、四国学院は閉鎖されることになる。このルーヴルと向き合う宮殿のような建物の再利用を考えたのはナポレオンである。一八〇五年、ルーヴルに置かれていた学士院を対岸のこの建物に移した。学士院は一六三五年にリシュリューにより創設された機関で五つのアカデミーがあり、特にフランス語の純粋さを保とうとするアカデミー・フランセーズが有名である。またナポレオンはその前年、ルーヴル宮殿とこの建物の間に、パリで最初の鉄の橋であるポン・デ・ザールを架けていた。それゆえ学士院も、この橋を渡って引越せばよかったのである。

このポン・デ・ザールは歩行者専用の橋で、木の床を踏みながら渡ると周囲がパノラマのように見渡せ、晴れた日など実に気分が爽快である。これは橋といっても対岸に渡るためではなく、周囲の風景を眺めるためにつくられたものではないかと思われるほどである。

この橋をルーヴル宮殿の側から歩いていくと、学士院のドームが真正面に見える。この橋はヴァル・ド・グラース教会やパンテオンの正面に向かう道路と同じ役目を果たしているわけである。ただしポン・デ・ザールの場合、両側にはセーヌ川が流れているだけであり、左右の視界を遮るものは何もなく、周囲を一望の下に見渡すことができる。

見晴らしという点ではアンヴァリッド以上であり、最も開放的な空間の中で、ドームを含む学士院の全景を見ることができる。ポン・デ・ザールにより、ル・ヴォーの傑作の全景を最もよい条件で見ることができるようになったのである。ル・ヴォーが生きていたなら、さぞナポレオンに感謝したに違いない。

学士院とソルボンヌ広場

ドームのある建物で、最も閉鎖的な場所にあるのがソルボンヌ教会であるとしたら、最も開放的な場所に位置しているのが学士院である。どちらもリシュリューに関係しているのは、歴史の偶然であろう。

晴れた日に、見晴らしのよいポン・デ・ザールを渡ると、周囲に何も遮るものがない中、正面に学士院の左右対称の建物と、中央にひときわ高いドームが見える。フランスらしい明晰さと秩序を感じさせるこの空間は、パリの名所の一つであると言ってよいだろう。

しかし、周囲を囲まれたゆえに親密さの漂うソルボンヌ教会の広場もまた、リシュリューからの歴史の重さが感じられる、パリらしい一隅である。

第十三景
パンテオンとマドレーヌ教会
革命に翻弄された二つのモニュメント

対のモニュメント

フランスでは、左右対称あるいは対で物をつくることが好まれるようである。ちなみに「シンメトリー」という語は左右対称の意味で用いられているが、これは古代ギリシアで生まれた言葉であり、本来は建物の各部分の間の調和、すなわちプロポーションを表した。シンメトリーがいつから、またどこの国で左右対称の意味で用いられるようになったのかは分からないが、あるいは左右対称を好むフランスが起源かもしれない。

このように対を好むことを反映して、十八世紀から十九世紀にかけてパリでつくられた壮大な建築が、パンテオンとマドレーヌ教会である。初めにパンテオンが左岸でサント・ジュヌヴィエーヴ教会として着工され、その後右岸にマドレーヌ教会が建てられることになる。どちらもフランス革命とその後の社会的混乱に巻き込まれ、結局一つはカトリックの教会として残り、もう一つはパンテオンとなった。パンテオンとはギリシア語ならパルテノンであり、多神教であった古代ギリシアの万神殿のことである。アテネのアクロポリスの丘にあるパルテノン神殿は、古代ギリシアの神々に捧げられた万神殿の代表的な建築である。ところがフランスのパンテオンは、国家に尽くした偉人の遺体を安置する霊廟となっている。

このように、二つのモニュメントは用途を異にするようになった。ところがどちらもカトリックの教会として建設が開始されたのにもかかわらず、とても教会とは思えない外観をしている。マドレーヌ教会を見れば、誰しもパルテノン神殿を思い浮かべるだろう。ただパルテノン神殿は古代の遺跡で、周囲の列柱しか遺されていないのに対し、マドレーヌ教会には内部空間があり、現在もカトリックの教会として利用されている。

一方のパンテオンについても、どこかで見たことのある建物のように思うのではないだろうか。テレビのニュースなどでよく目にするキャピトル・ヒルと呼ばれるアメリカ合衆国議事堂である。どちらの建物も、前面には、列柱の上にペディメントと呼ばれる三角形の破風《はふ》(木造なら切妻であるが、石造りの場合はペディメントと言われ、日本語では破風と訳されている)が乗っており、背後には多くの細い円柱に支えられたドームが聳えている。

もちろんパンテオンの方が古く、合衆国議事堂はパンテオンをモデルとしてつくられた、いわばコピーである。また、アメリカ五十州にある各州議事堂は合衆国議事堂を模倣してつくられており、いわばパンテオンのコピーのコピーである。模倣した建物がつくられることにより建築の影響を測るとするなら、パンテオンほど大きな影響を与えた建築はないかもしれない。それは取りも直さずパンテオンの造形は議事堂にふさわしく、教会らしくはないということを意味するものである。

新古典主義

このように、二つの建物はカトリックの教会らしからぬ形態をしている。その理由は、一方は当時の建築の様式によるものであり、もう一方は政治的理由によるものである。

それでは、二つの教会を建てようとした十八世紀後半の建築界はどうだったのだろうか。

フランスでも十五世紀以降、イタリアから始まったルネサンスの波が届くようになり、芸術や文化にギリシア・ローマの影響が表れてくる。建築においてもギリシア・ローマ時代の建築様式が優れていることが認識され、この様式を用いた古典主義が建築様式の主流となる一方、フランスで生まれたゴシック様式などは、オーダーのない野蛮な建築と見なされるようになった。自国の建築をこのように評価されると、ナショナリズムから反発が生まれるのは当然のことで、十七世紀になるとバロックやロココなどの様式が古典主義に代わり流行するようになる。

このような動向に対して、やはりギリシア・ローマ建築が最高のものであるという思潮が、十八世紀の後半に復活してくる。これが新古典主義と呼ばれるもので、その代表的な建築家がパンテオンを設計することになるジャック＝ジェルマン・スフロである。新古典主義は単なる古典主義のリバイバルではなく、啓蒙の時代を反映して、ギリシア・ローマ建築の様式を取り入れると共に、この建築様式の造形原理を探求したうえで新たな建築を創造することを目指していた。

ギリシア・ローマ建築の何よりの特徴といえば、オーダーを利用することである。オーダーとは、石造りの円柱とこの上に乗るエンタブラチャーと呼ばれる梁などの横架材の構成する様式のことで、建築学科の学生が必ず学ぶものである。オーダーには三種類あり、時代順に、最も素朴なドリス式オーダー、柱頭に渦巻きの装飾のあるイオニア式オーダー、そして柱頭にアーカンサスの葉のあるコリント式オーダーである。パンテオンではコリント式、マドレーヌ教会ではイオニア式オーダーが用いられている。このようなオーダーは、二十世紀になり、鉄、ガラス、コンクリートによる近代建築の様式が確立するまで、フランスをはじめヨーロッパ各国で用いられた。日本でも明治の様式建築で用いられただけでなく、現代でも場違いな商店街の店舗などで時々見かけられる。

これらのオーダーのある列柱の上に、パルテノン神殿に見るような三角形のペディメントが乗るのもギリシア・ローマ建築の特徴である。ペディメントについては以前、ルーヴル宮殿の列柱廊で屋根の一部に用いられたことがあった。しかし建物を構成する正面部分の列柱の上に乗せられたのは、パンテオンが最初であった。

このように新古典主義が建築の主流となった時代、しかもこの様式の中心人物に設計されれば、パンテオンがギリシア・ローマ建築の雰囲気を持つようになるのは当然である。

建築から都市計画へ

パンテオンとマドレーヌ教会との共通点は、もう一つある。それは、単体としての建築を超えて、周囲を含む都市計画として構想されていることである。

啓蒙の時代を迎え、大きなモニュメントの周囲には、これを眺める空間が必要であると主張されるようになっていた。現代からすれば当然のことのようであるが、当時ノートルダム大聖堂には前面にも背後にも広場などなく、離れた場所から全体を見ることができず、近くから仰ぎ見る他はなかったのである。それどころか、中世には教会が両側の建物と接して建てられることも多く、それゆえカミロ・ジッテなどは、広場の中を空けておき、端にあるモニュメントを眺めるべきであると主張するのである。

パンテオンには周囲に広場がある。特に正面には半円形の広場があり、ここからファサードにある柱のオーダーやその上のペディメントを見ることができる。さらに正面から前方に道路をつくり、この道路に立てば、正面のファサードと共に背後のドームを望むことができるようにしている。さらにパンテオンの正面には、半円形の広場を挟んで向かい合うように、左右対称に同一ファサードの建物を配置している。こうしてパンテオンを中心として、周囲の建物や道路が構成する都市計画が考えられた。

パンテオンが計画されていた時、その壮大なモニュメントが建つ敷地やその周囲には、中世以来の古い建物が密集していた。これらをすべて取り壊し、その跡に巨大な教会を中心とする施設群をつくろうというのであるから、今日の都市再開発のような大事業である。

一方のマドレーヌ寺院はというと、都市計画的な視点から構想されていたにせよ、事情を異にする。というのは教会自体ではなく、コンコルド広場を中心とする都市計画として位置付けられていたからである。

コンコルド広場が計画された際、北側にのみ同じ形態の二つの建物を左右対称に配置し、この間に道路を通して、その先にモニュメントを建てることが考えられた。このモニュメントになるのがマドレーヌ教会である。コンコルド広場に立つ時、東西の軸をシャンゼリゼ通りがつくり出し、南北の軸上にマドレーヌ教会の正面を望むという雄大な構想であるが、実現はされていなかった。左岸にパンテオンを建てるのを機に、右岸でもマドレーヌ教会の建設が具体化することになった。

これら二つのモニュメントを含む都市計画には、共通点が認められる。

どちらも軸線となる道路をつくり、その軸線上にモニュメントを配置している。後年オスマンがパリ大改造を行う際に、大通りの起点や終点にモニュメントを配置するが、この手法が既に行われている。また同じファサードの建物を、軸線となる道路を挟んで左右対称に配置するというのも共通している。ただ配置する位置は異なっており、マドレーヌ教会の場合は、コンコルド広場から見て左右対称に配置している。一方パンテオンでは、ファサードに向き合うように、二つの建物を左右対称に配置している。

▲パンテオンの前にある左右対称の建物のファサードは、パンテオンのファサードと対応している。

パンテオンとスフロの野望

ここではパンテオンとして述べていくが、完成当初はサント・ジュヌヴィエーヴ教会と呼ばれていた。一七四四年にルイ十五世がメッスで病に倒れ、健康が回復したらパリの守護聖人であるサント・ジュヌヴィエーヴのために教会を建てることを祈願した。この女性は、五世紀にパリがアッティラ率いるフン族に攻撃されそうになった時、動揺した市民を説き伏せパリを護り抜いたことで、その後パリの守護聖人とされた。

病が癒えると、ルイ十五世はこの祈願を実行に移すことになる。一七五五年にはサント・ジュヌヴィエーヴ教会のコンペが行われ、選ばれたのがジャック＝ジェルマン・スフロである。

スフロはこの大聖堂を設計するにあたり、ローマにあるカトリックの総本山サン・ピエトロ大聖堂に匹敵するものをパリにつくろうと意気込んだ。サン・ピエトロ大聖堂といえば、その大伽藍だけでなく、前面にあるベルニーニ作の楕円のある列柱の並ぶ広場でも知られているように、建築というよりも一つの都市空間を成している。これに比肩する空間とするため、教会だけではなく、周囲の広場、教会へと続く道路、教会と向かい合う左右対称の建物をつくるという、壮大な計画を立てることになる。

このような大プロジェクトなら資金も時間もかかるのは当然である。資金を調達するために三度も宝くじが行われた。そして計画がすべて完成したのは、スフロの死後百年も経ってのことであった。

広場については、形状がこれまでの四角形から円形に変わる時代であり、現にスフロはオデオン座の前に、半円形の広場とそこから放射状に広がる道路をつくっていた。そこでパンテオンについても、正面に半円形の広場を計画する。またこの広場の側に、パンテ

オンのファサードと向き合うように同一のファサードの建物を左右対称に配置する。

これが現在のパリ第一大学とパリ第五区の区役所である。これら二つの建物のファサードは半円形の広場の曲線に合わせて凹んでおり、広場が半円形であることを強調している。また二つの建物のファサードもパンテオンと対応し、オーダーのある列柱の上に三角形のペディメントが乗っており、一群の建物としての調和を演出している。

また、パンテオンの正面から伸びる現在のスフロ通りも計画している。

スフロ通りの幅は、パンテオンの正面が見られるようこの建物のファサードよりも広く、当時の道路から比べると信じられないような幅であった。何しろオスマンがパリ大改造を行う八十年以上も前であり、広い通りといえばルイ十四世が都市壁を壊した跡地につくったグラン・ブールヴァールと、野原にできたシャンゼリゼ通りしかなく、ほとんどの通りは中世から続いている曲がった狭い通りであった。もっとも、スフロ通りが完成したのは奇しくもスフロの死後ちょうど百年後の一八八〇年であり、オスマンにより多くの大通りがつくられた後であったので、その道幅にいまさら驚く人はいなかっただろう。

いずれにせよ、教会のファサードを見るために既存の建物を取り壊して道路をつくるというのは、パリという都市の成り立ちをよく表すものであるといえよう。

ドームと構造

パンテオンの正面には数多くの彫刻や装飾があるが、側面や背後を見ると装飾はもとより窓さえなく、無表情な壁面が外観を覆っている。ファサードがギリシア神殿のように荘厳なだけに、側面や背後があまりに素っ気ないのには驚かされる。実は、側面や背後にも窓が取り付けられていたのであるが、石で埋めたため、このように壁面で覆われた外

▲パンテオンを眺めるために、正面にスフロ通りがつくられた。

観となってしまったのである。

スフロはパンテオンをつくるにあたり、石造りの構造を徹底的に研究したという。何しろサン・ピエトロ大聖堂に匹敵する理想の大伽藍をつくろうというのであるから、ギリシア・ローマ建築はもとより、ゴシック建築などの主要な様式の構造を探求することで、自らがつくる大聖堂を造形しようとした。

パンテオンの造形で中心となっているのは、中央のドームである。従来のドームでは、半球を円筒形の壁面で支え、ここを装飾で飾り重厚な雰囲気にしていたのに対し、スフロは半球を円筒形に配置した細い円柱で支えることで、これまでにない軽快で近代的なドームを創造した。しかし一見、装飾もなく幾何学的で軽やかに見えるこのドームの重量は一万トンにも達した。一万トンというとエッフェル塔の総重量に等しく、パンテオンの躯体はエッフェル塔を上に乗せているのと同じことになる。この重量に耐えかね、スフロが亡くなる数年前には、側面の壁面に亀裂が見つかった。このため一七八〇年にスフロが死の床にあるとき、この心血を注いだ大聖堂の行方を案じて悲嘆にくれていたという。

パンテオンの造形については、コンペに敗れた他の建築家の僻みもあって「構造を犠牲にして造形を求めている」と批判されていた。実際、スフロは従来の石造りの構造物を研究した結果、ゴシック建築の躯体とギリシア・ローマ建築のオーダーを融合させるというような、複雑な構造を用いていた*1。何しろ当時は、コンピューターはもとより、石の強度についての構造計算なども未発達で、自身の経験から石造りの躯体における力の伝わり方を考え、部材の大きさや石の配置方法を決める他はなかった。スフロは過去の様式を組み合わせることで、これまで実施されたことのない構造を用いたため、力学的に無理な部分があったようである。サン・ピエトロ大聖堂に匹敵するモニュメントを建てよ

▲二万トンのドームを支えるためパンテオンの窓は埋められ、壁面となった。

うとする気負いが、かえって仇《あだ》となったといえよう。

スフロの死から九年後、フランス革命と同じ一七八九年に、このスフロ畢竟の大伽藍は落成した。しかしサント・ジュヌヴィエーヴ教会として完成したものの、二年後、国民議会はこの建物をカトリックの教会から万神殿とすることを決め、以降パンテオンと呼ばれることになる。パンテオンにする際、建物の内部も外部もカトリックを表すあらゆる装飾が取り除かれた。この作業にあたり、壁の亀裂に対処するため、四十二あるすべての窓を塞いで壁面とした。何しろ石を一つひとつ積んでいく組積造のため、石を上下に重ねて壁面としない限り、構造上の耐力を確保できない。開口部については、それより上部の加重を下に伝えることはできず、構造上は役立たない。このため開口部を塞ぎ、壁面とすることで、二万トンのドームの荷重を支えることにしたわけである。

この結果、パンテオンには側面や背後に開口部もそれらに付随した装飾要素もなく、素っ気ない少し陰気な建物となってしまった。わずかに壁面の上部にある花飾りの装飾だけが、かつてその下に窓のあったことを物語っている。

マドレーヌ教会の迷走

パンテオンに着工してから十年後、サント＝マリー・マドレーヌ教会の建設が始まる。コンコルド広場をつくってからの計画を実施する時がやっと到来したのである。当初はアンヴァリッドのサン・ルイ教会を、次にはパンテオンをモデルに建てることにしていた。ところがフランス革命が起きると工事は中断し、基礎だけできていた教会はそのまま放置されることになる。ここからマドレーヌ教会の漂流が始まることになる。

何しろ、どのような形態にするか以前に、何をつくるかさえ決まっていないのである。国会議事堂、図書館、国立銀行など様々な案が提出されたが、革命後の政治的、社会的混乱

▲マドレーヌ教会は、ナポレオンの軍隊の栄光を讃える神殿としてつくられた。

が続いており、とても建物のことまで考えがまわらなかったのである。

マドレーヌ教会をどうするか、断を下したのはナポレオンである。革命後の混乱を収拾したことを思えば、建物の用途をめぐる迷走を鎮めるのは簡単なことであったろう。一八〇六年、戦地から出した命令により、フランスの軍隊の栄光を讃える神殿とすることで決着した。「フランス軍の栄光」とは、言い換えればこれを率いる「ナポレオンの栄光」ということであり、ナポレオンにしてみればシャルル・ド・ゴール広場に建つ凱旋門と同様、麾下《きか》の軍団の輝かしい戦歴を記念するモニュメントをつくることにより、皇帝としての存在を目に見える形で示したかったのであろう。

さらにナポレオンは、どのような形の建物にするかということまで指示した。「パリでなく、アテネにあるようなモニュメント」とするよう、命令したのである。この結果、カトリック教会をつくるためにできていた土台は取り壊され、皇帝ナポレオンの戦勝を讃える神殿がつくり直されることになる。実際に完成したのは、「アテネにあるようなモニュメント」というより「アテネにあるモニュメントのコピー」といえるような神殿である。こうして当時の建築界に支配的であった、ギリシア・ローマ建築の影響を受けた新古典主義の建物でなく、ギリシア建築そのもののような神殿がパリの中心地、しかもコンコルド広場の軸線上に建つことになる。

ところがナポレオンが失脚した後一八一四年に、ルイ十八世は、このナポレオンのつくった神殿をカトリックの教会に戻すことを決定する。ルイ十八世を取り巻く王制主義者にしてみれば、政治的にナポレオンの影響を排除する必要があり、そのためにもナポレオンの軍事的栄光を象徴するかのようなモニュメントは残したくなかったのである。こうしてパルテノン神殿のような建物が、建立の時と同じサント＝マリー・マドレーヌ教会となり、今に至っている。

日本では、寺院と神殿ではかなり意味が異なる。しかしフランスでは、キリスト教の施設は教会であるが、多神教の施設はテンプルであり、神殿あるいは寺院となる。マドレーヌ教会はれっきとしたカトリックの教会であるが、その生い立ちを考えるならマドレーヌ神殿、あるいはマドレーヌ寺院の方がふさわしいようである。

現代への影響

マドレーヌ教会もパンテオンも、ギリシア・ローマ建築のようにオーダーやペディメントを用いている。しかしマドレーヌ教会はギリシア建築のコピーと言ってよく、竣工した十九世紀以降、模倣した建築がつくられることはなかった。

一方パンテオンは、革命後のキリスト教の装飾がすべて取り除かれただけでなく、一万トンのドームを支えるために窓が埋められ、側面も背後も壁面で覆われることになる。しかしその後の建築において、装飾より造形が重視されるようになると、スフロのつくり出したデザインは評価され、アメリカ合衆国議事堂など各地でパンテオンの影響を受けた建物が建てられるようになる。スフロが構造的に失敗したことは怪我の功名となり、パンテオンはより現代的で普遍的なモニュメントとなったわけである。

1――Paris Le guide du patrimoine, Hachette, 1994, p.386

▲マドレーヌ教会は、コンコルド広場からの眺望を受けるモニュメントとして計画された。

第十四景
マルローが救ったマレ地区
パリと歴史的環境の保存

歴史的環境

世界遺産がブームになっており、テレビの番組で、各地の世界遺産が紹介されることも少なくない。世界遺産を訪れるツアーも旅行会社により企画されており、中には文明世界から隔絶された秘境のような場所まで出かけるツアーさえあるようだ。私の知り合いの中にも、全ての世界遺産を見て回ることを一生の目的として、暇を見ては各地の世界遺産を駆け足で巡っている人がいる。

世界遺産には、文化遺産と自然遺産とがある。そして文化遺産には、大聖堂や宮殿のような単体としての建造物だけでなく、歴史的地域が含まれることについては、ご存知の方も多いと思う。

この世界遺産の制度は決して古いものではない。ユネスコの総会により、いわゆる世界遺産条約が採択されたのは一九七二年であるから、できてから四十年も経っていないことになる。実際に条約が発効したのは、この三年後の一九七五年である。この年には、日本でも「伝建地区」と呼ばれることになる伝統的建造物群保存地区が、文化財保護法の改正により成立し、高名な社寺や仏閣でない、伝統的な民家などの集合体、いわゆる歴史的環境の保存が制度化されている。したがって日本でも世界でも、歴史的環境の保存がほぼ同時期に始められるようになったと言えよう。

ところがフランスでは、世界遺産の制度より十年前の一九六二年に、世界に先駆けて歴史的環境の保存制度を作成している。これは「保全地区」と呼ばれるもので、この制度をつくるうえで尽力したのは、当時の文化大臣にしてノーベル文学賞作家でもある、アンドレ・マルローである。マルローが保全地区をつくるきっかけとなったのが、パリにあるマレ地区である。このためマレ地区は、都市計画の関係者の間で、パリの歴史的環境の保存を象徴する地区として知られている。

マルローと保全地区

アンドレ・マルローといえば、スペイン内戦での国際義勇軍への参加、ノーベル文学賞を受賞した作家、ド・ゴール大統領の下での文化省の大臣と、各方面でその才能をいかんなく発揮した人物として知られている。死後は、フランスの偉人が埋葬されるパンテオンが墓所とされたことから分かるように、現代フランスに大きな足跡を残した人物である。また、日本文化についての造詣が深いことでも知られている。

このように多方面で活躍したためか、世界で最初の体系的な歴史的環境の保存制度をつくったことは、都市計画の関係者以外には知られていないようである。マルローのイニシアティブにより一九六二年八月四日に成立した法律は「マルロー法」と呼ばれ、フランスの歴史的市街地を保存する上で大きな役割を果たしただけでなく、先駆的制度として世界の歴史的環境の保存にも大きな影響を与えた。

マルローの考えは、法律の制定に際して国民議会で行った演説によく表れている。この中でマルローは、すぐれた建造物にはそれにふさわしい背景が必要であることを力説

▲マレ地区は十七世紀の街であり、細い路地や袋小路も多い。

し、「ヴェルサイユ宮殿やシャルトル大聖堂が摩天楼に囲まれるようになったら、これらは考古学的な遺物に過ぎない」と述べた。日本では、国宝となっている宇治の平等院鳳凰堂の背後に高層マンションが見えるが、日本文化を愛して止まなかったマルローがこのことを知ったならさぞ嘆くに違いない。このような光景をフランスで見たくなかったために、マルローは保全地区の制度をつくったのである。

フランスには現在、約八十の保全地区があり、パリにもマレ地区とサン・ジェルマン地区の二つがある。マレ地区は、十七世紀の初めにアンリ四世がヴォージュ広場をつくった後、多くの貴族の館が建てられ、繁栄した地区である。一方サン・ジェルマン地区は、アンリ四世とその重臣のシュリーが、マレ地区と対を成す地区を左岸につくろうとしたのが始まりで、十八世紀にはマレ地区に代わり、多くの貴族の館が建てられた。このように十七世紀と十八世紀に貴族の館を中心に栄えた地区が、パリにおける歴史的環境として、保全地区の制度により保存されているわけである。

ただ、日本人が見る限りでは、どこが保全地区の境界であるか分からないと思う。何しろ保全地区として指定された区域の周辺にも、同じ時代に建てられた建物のほとんどが残されているのである。これが日本の伝建地区なら、たとえば川越の蔵づくりの地区を見れば分かるように、伝建地区を一歩離れると日本のどこの街でも変わらない雑踏が待っている。このことを思うなら、「これほど歴史的な建物が多く残されているフランスで、どうして歴史的環境の保存制度が必要なのだろうか」という疑問が湧いてくる。しかしマルローが意図した保全地区の制度とは、対象地区にあるすべての歴史的資産をそのまま保存しようという壮大な試みなのである。

保全地区とは何か

マルローの強い意思により保全地区がつくられたのは、世界遺産の制度が採択される十年も前のことであり、世界でも前例がなかった。ということは、参考にする制度がどこにもないわけであり、試行錯誤をしながら運用することで、フランスの歴史的環境を保存してきた。ここではとても保全地区の全容を述べることはできないので、特徴を二つ記すことにとどめたい。

保全地区は、フランスでも特に歴史的および文化的に価値の高い市街地を対象とするもので、完成には二十年以上を要するという、日本では考えられないような気の長い制度である。パリについてみると、マレ地区では一九六五年から一九九六年までの三十一年、サン・ジェルマン地区では一九七二年から一九九一年までの十九年を要している。これらの地区は、数百年もの間ほぼ同じ形態で存続してきたのであるから、作成に要する二十年や三十年など、地区の歴史からするならわずかな時間といえるかも知れない。それにしても日本の大都市なら、ものの五年もしないうちに街が変わるので、二十年以上もかけて都市計画を作成するというのは驚きである。

このように長い年月を要するのは、地区内にあるすべての空間について保全方法を検討するためである。ここで「空間」と言ったのは、建物だけでなく土地利用も含まれるためであり、緑地はもとより建物の中庭にある敷石までが保存の対象となる。建物も、外観から屋根裏の形状や店舗に設置する看板、さらには内部にある階段や暖炉までが調査され、保存方法が示される。このような詳細な調査を一つひとつの建物について行うのであるから、二十年以上かかるのも当然かもしれない。

保全地区のもう一つの特徴は、単に街並を保存するというよりも、本来の歴史的市街地を復元することを目的としていることである。これはヨーロッパの都市では決して珍しいことではなく、ポーランドでも、戦火により灰燼に帰したワルシャワの中心市街地を戦後真っ先に復元している。保全地区の目指すことも同じであるが、それには復元する上での目標となる歴史的市街地の姿が分かっていなければならない。日本なら、街の姿は日々変わると言ってよいほどすぐ変貌するので、復元するにせよいつの時代の街にするのか、戦前か、明治か、あるいはそれ以前の江戸時代か、という問題が起きてくる。その点フランスでは、石造りの建物は耐久性があり数百年は持つので、十九世紀から続いている街並も普通に見られるし、保全地区の対象となる街なら、十七世紀や十八世紀から現在までほとんど変わらぬ姿を保っている。このような歴史的な市街地が変質するのは、主として第二次世界大戦後のことである。したがって、これらの変質した部分に対処するなら、数世紀も続いてきた歴史的市街地を復元することができるわけである。

保全地区の制度の初期には、本来の姿を復元するための事業が行われた。これは「街区事業」と呼ばれるもので、歴史的な市街地にふさわしくない建物を地図上に黄色で表して取り壊す一方、赤で建物が本来あるべき位置を示し再建した。そして、事業を行うために都市再開発法の制度が援用された。歴史的環境の保存と対立する都市再開発法を用いて、歴史的市街地を再生させるというパラドックスが起きたわけである。この街区事業では、建物の取り壊しによる住民の立ち退きという、都市再開発と同じ問題が起きたうえ、事業コストがかかることもあり、まもなく中止されることになる。

その後、保全地区の制度は、すべての空間を凡例で表して保存や取り壊しなどの対応を示すという、文書による保全制度に移行することになる。歴史的街並にふさわしくない建物についても、黄色で表すが取り壊しは行わず、日本の確認申請にあたる建設許可証を交付しないことで、将来において自然消滅することを期待する、という間接的な対応をすることになった。

このように、マルローのつくった保全地区は事業手法から文書による規制へと移行することになったが、価値の高い歴史的市街地を復元するという遠大な目的は変わっていない。この点が、我が国の伝建地区とはスケールがまったく異なっている。

マレ地区の繁栄と衰退

マレ地区は、マルローが国民議会での演説で引用したこともあって、保全地区のシンボルのように思われている。マルローが介入する以前、マレ地区は歴史的な街区でありながら荒廃していたので、民間や公共機関が少しずつ修復を進めていた。しかしそれではとても十分でなく、本格的な行政の支援が必要とされていた。保全地区は、このような要請に応える制度として登場したのである。

このような事情もあって、マレ地区は保全地区の制度が最初に適用された地区であると思われているようであるが、それは事実ではない。マレ地区は十二番目である。それでもマルローが引用したうえ、パリにある歴史的市街地のため、保全地区というとすぐにマレ地区と結び付くようになった。

それでは、マレ地区とはどのような地区なのだろうか。

マレ地区の繁栄には、アンリ四世が大きく関わっている。十七世紀初頭、アンリ四世がヴォージュ広場をつくるとマレ地区は人気の場所となり、多くの貴族がここに館を建てるようになった。マレ地区にはメトロのサン・ポール駅から行くが、この駅構内にはマレ地区にある貴族の館を示した地図が掲示してあり、これを見るといかに多くの館が建てられたのかが分かる。

マレ地区に建てられた貴族の館では、一般に道路に面して門があり、ここから入ると館

の前面が石畳の中庭になっている。そして館の後方に、木々の植えられた庭園がある。この様式が、パリにおける貴族の館の典型となるのであるから、マレ地区がパリの歴史において果たした役割の大きさが理解されよう。

こうして多くの貴族が住むことにより、十七世紀にはマレ地区は、パリで最も繁栄した、華やかな地区となる。貴族の館では多くの夫人のサロンが開かれ、パスカル、デカルト、モリエールといった当時を代表する文人が集い、文学や思想などについて語り合った。ユーゴーもヴォージュ広場の一画に居を構え、現在ではヴィクトル・ユーゴー記念館になっている。このようなマレ地区を東西に走るサン・タントワーヌ通りは、パリで最も賑やかで華やいだ通りとなり、多くの貴族が行き来した。

ところが十八世紀になり啓蒙の時代を迎えると、狭い通りに建物が建て込んでいる中世の面影を色濃く残すマレ地区は、次第に古くさい場所と思われるようになる。貴族や新興階級であるブルジョアは、広くゆったりとした街並の続く新興地区であるヴァンドーム広場のあるサン・トノレ地区や、左岸のサン・ジェルマン地区に移り住むようになっていく。広い空間があり、明るい陽光の射す場所が好まれるようになったのである。

衰退の道を辿り始めたマレ地区にとどめを刺したのは、フランス革命である。この革命により、マレ地区に居を構えていた多くの貴族は、処刑されるか、あるいは他の国に亡命した。こうして、主のいなくなった貴族の館に移り住むようになったのは、多くの場合手工業者であった。しかし手工業者の経済力では、とても貴族の館のメンテナンスを行うことはできず、パリにおける貴族の館の典型となったマレ地区の建物も、荒廃の一途を辿ることになる。

このようなマレ地区の現状は、マルローだけでなく、文化遺産に関心を持つ多くの人々により憂慮された。そして、マルローがマレ地区を救う方策を用意したわけである。

▲貴族の館では、建物の後方が樹木のある庭園となっている。

▲貴族の館であったカルナヴァレの館は、パリの歴史を展示する博物館となっている。

マルローの業績

マレ地区が保全地区に指定された一九六五年、保全地区は事業を行う制度であった。マレ地区のうち百二十六ヘクタールが保全地区として指定され、そのうちヴォージュ広場を含む、貴族の館の集まる三・五ヘクタールについて街区事業が行われ、十七世紀の市街地を復元すべく大規模な工事が開始された。

老朽化した建物は修復され、外観の汚れた建物については磨き直しが行われた。また、既存の建物の取り壊しにより連続した街並が中断されるような場所は地図上に赤で表され、周囲と調和するような建物が再建された。その一方、戦後急造で建てられたような、およそ歴史的市街地にふさわしくない建物は黄色で表され、取り壊しが行われた。このような建物に住んでいた人々は、都市再開発の場合と同じように立ち退かなければならなかった。立ち退く住民にしてみれば、再開発により近代的なビルが建てられようと、歴史的市街地にふさわしい建物が建てられようと、出て行くことに変わりはない。こうして歴史的環境を復元させる事業においても、借家人を強制的に退去させることが大きな問題になってくる。

街区事業の結果、十七世紀らしい街並が次第に甦ってきた。貴族の館だけでなく、周囲の建物も外観が磨き直され、内部も近代的に改築された。そうなると、かつての老朽化した借家が、きれいな外観の設備も整ったアパートになるわけで、当然家賃も上がり、貧しい借家人は出て行かざるを得なくなる。このような状況から専門用語で「ジェントリフィケーション」と呼ばれる問題が起きることとなった。街区事業の結果、事業対象区に住んでいた人口の半分は交代したと言われている。

また、生産性の低い手工業も家賃の高騰に対応できず、移転を余儀なくされることにな

る。それに代わりマレ地区に進出してきたのは、画廊、骨董品屋、書店などである。マレ地区の修復が進み、十七世紀の歴史的市街地が甦ると、次第にマレ地区は観光名所となり、内外から観光客が訪れるようになってきた。これらの観光客を相手にするホテルやレストランも多く見られるようになってくる。

パリ市もマレ地区の再生に協力しており、かつての貴族の館を買い取り、これを美術館や博物館として再利用している。たとえば、サレの館はピカソ美術館、カルナヴァレの館はパリの歴史を伝えるカルナヴァレ博物館、スービーズの館はフランス歴史博物館になっている。このように美術館や博物館として再利用するなら、貴重な貴族の館を保存できるうえ、観光にも役立つので一石二鳥である。

マルローの尽力により、うらぶれたマレ地区を、輝いていた十七世紀に近い姿に復元することができた。その一方で、これまで住んでいた貧しい人々や手工業者が立ち退かざるを得なくなり、マレ地区は観光地化されるようになった。これがマルローの望んだことだろうか。

マルローがこの現実をどう評価するかということまで、とても私には思いが及ばない。いずれにせよ、マルローが望んでいたフランスの歴史的資産であるマレ地区が現代に甦ったことだけは確かである。

マレ地区はどうなるか

保全地区が完成するのは一九九六年である。私がパリに留学していた一九九一年には、まだマレ地区の保全地区は計画中であった。都市計画を研究する者として、以前からマレ地区には興味を持っていたので時々出かけてみたが、歴史的な街並が続く中、通りを歩く人の姿はまばらであり「哀愁の漂う街」という言葉がふさわしい地区だった。観光客も

▲マレ地区は修復後、観光地となり内外から多くの観光客が訪れるようになった。

少なく、土産物屋やカフェも目立つほど多くは見られなかった。

ところが、最近マレ地区に宿を取ってみたら、あまりに雰囲気が異なっているので驚いた。昼間はもとより夜も、観光客だけでなく若者やゲイが街中を行き来しており、夜遅くまで通りの喧噪が聞こえてきた。

街を見ても観光客相手の雑貨やレストランだけでなく、若者が集まるようなバーや飲食店が多くできており、とても十七世紀に貴族が住んでいた地区とは思えない。保全地区の規定があるので何とか看板や広告は規制され、伝統的な店構えも維持されているが、このままだと若者を惹き付けるため、自由に店を改造するようなことも行われるのではないかと、心配になってきた。たとえ保全地区の規定が守られるにせよ、店舗が増えるうえ、規定ぎりぎりまで店舗を改造するような店が増えると、景観も変わってくるだろう。

街は変わるものであり、人気のない街よりも人の集まる活気溢れる街が好ましいのは言うまでもない。だいたい人が住まなくなると建物のメンテナンスもできないのだから、人が住み、人が集まり、繁栄することで、建物の維持管理をする経済的な余裕が生まれることは望ましいことである。しかし現在の商業主義は、人を集め、利益を上げるためなら、何でもする傾向にある。マレ地区は、マルローが尽力して再生できたフランスの歴史的資産である以上、十七世紀の街並とともにその雰囲気を保って欲しいものである。

参考文献

和田幸信／フランスにおける保全地区による旧市街地の修復に関する研究

その1――「保全地区の変遷とその保全手法について」日本建築学会計画系論文集、第四八六号、一九九六年八月

その2――「ディジョン市における保全地区の運用について」日本建築学会計画系論文集、第四九九号、一九九七年九月

その3――「保全地区における空間の保全手法について」日本建築学会計画系論文集、第五一七号、一九九九年三月

第十五景
美観整備
ルソーの失望から世界の首都へ

ルソーの失望

「〇〇に着いて、その予想がなんと裏切られただろう！　トリノで見たあの外部のかざりつけ、通りの美しさ、家々の対称と配列、そうしたものとはまた一段とちがったものを〇〇に求めようとしていた。（中略）私のみたものは、よごれて臭気の匂う小さい通り、黒ずんだきたない家、不潔と貧困のただよう雰囲気……（以下略）」*1

これは、ジャン＝ジャック・ルソーの『告白』の中の一節であるが、トリノから来たルソーが失望した〇〇という都市はどこだろうか。実は、パリなのである。ルソーは一七三〇年頃パリに着いたが、これが当時のパリの印象である。現在、フランスは世界一の観光立国であり、毎年人口以上の観光客がフランスを訪れているが、そのほとんどはパリを見るだろう。そうすると、このルソーのパリの評価をどう理解したらよいだろうか。

もちろん人により都市の印象は異なる。毎年多くの日本人がヨーロッパの都市を観光しているが、それぞれ好みの都市は違うだろう。こう考えるなら、たまたまルソーはパリについて否定的な評価をした、と言うこともできよう。

その一方で、このルソーの言葉は当時のパリを正確に評価したものである、とみることもできよう。ルソーは当時十八、九歳であったが、既にジュネーヴ、ローザンヌ、トリノ、リヨンと多くの都市を見てきたし、何より一介の旅人という以上に、歴史に残る大思想家としての見方を身に付けていたと思われるからである。

私としては、後者の意見である。十八世紀のパリは、ルソーのみならずメルシエが『十八世紀パリの生活誌』の中で詳細に述べたように、華やかな一帯が一部にはあったが、それ以外は、中世以来の狭く曲がった道に汚い建物が密集する街であった。そうすると、その後のパリでは、現在見るように、世界で最も多くの観光客を惹き付ける都市になるような都市計画や整備が行われてきたことになる。それでは、どのような事業がパリで行われてきたのだろうか。

都市計画と美観整備

フランス語で都市計画のことを「ユルバニスム」ということは、二十世紀最大の建築家と言われるル・コルビュジエが『ユルバニスム』という本を著したことから、建築や都市計画を学んだ人なら知っていよう。しかしこのユルバニスムという語は、ル・コルビュジエがこの本を出版した一九二四年頃にようやく人口に膾炙《かいしゃ》した。これは、スペイン人のイルデフォンソ・セルダが一八六七年に著した本の中でつくった言葉であり、これがフランス語に訳され、使われ始めたのは、近代建築運動が昂揚した一九二〇年代からである。

もちろん「都市計画」という語が人々に知られるようになる前から、パリでは都市の整備や改造は行われていた。特に十九世紀の半ば、ナポレオン三世の命によりセーヌ県知事のオスマンにより行われたパリ大改造は、近代都市計画の先駆として、都市計画の教科書には必ず紹介されている。しかしこの時代には、都市計画という語はなかったのである。

ユルバニスムという語が使われるようになる前には、美化を意味する「アンベリスモン（embellissement）」という語が用いられていた。都市を美化するのであるから、美観整備ということになろう。実際ナポレオン三世が命じたのは、パリを美しくすること、世界における首都の中の首都とすることにより、フランスの国威を示すことであった。

このパリの美観整備は、アンシャン・レジームと言われたフランス革命以前の王政の下や革命後の共和制や帝政、さらには現在の第五共和制の時代でも大統領により行われている。ルソーが失望した十八世紀のパリが、今日「花の都」と呼ばれ、世界中から多くの観光客を呼び寄せるようになったのは、このような絶えざる美観整備が行われてきたからである。それでは具体的に、どのような美観整備が行われてきたのだろうか。

パリの美観整備

パリについて、どのような美観整備が行われてきたのか、各時代の代表的な例を通してみていきたい。

出発点と考えられるのは、十六〜十七世紀にアンリ四世により行われた整備事業である。中でも、後世への影響の大きさを考えるなら、何よりもヴォージュ広場とドーフィンヌ広場の建設が挙げられる。これらの幾何学的な形態と広場を囲むファサードを統一した建物は、いわゆるフランス式広場の先駆となった。

このようなアンリ四世の事業には、フランスに先駆けてルネサンスの開花したイタリアの影響が大きく、特に都市の美学において、実用性（コモディタス）と美（ウェルプタス）を唱えたアルベルティの理論は指導的な役割を果たした。アンリ四世の妃であるマリー・ド・メディシスは、フィレンツェのメディチ家の出身であり、イタリアの文化をフランスにもたらすうえで大きな貢献をした。

十七世紀は、太陽王と呼ばれたルイ十四世が現れ、フランスの国威が周囲の国々に及んだ時代である。これは美観整備にも認められ、ルイ十四世がルーヴル宮の増築において、イタリアから招いた当時の大建築家であるベルニーニの案を採用しなかったことにも、フランスの自負の念が窺える。この時期には、王室主席建築家であるアルドゥアン・マンサールにより、ヴィクトワール広場とヴァンドーム広場がつくられ、フランス独自の広場の形式が完成を見た。

十八世紀になると、啓蒙主義の思想家が中世以来の稠密なパリを批判するようになる。いわば美より有用性が重視されるようになるが、それでもヴォルテールなどは『パリの美化』を著し、パリの美観について啓蒙主義の観点から論じている。またピエール・パットやキャトルメール・ド・カンシーなど、アカデミーの学者がパリの美化について提案を行い、モニュメントに接している建物を取り壊し、周囲から眺められるように主張したことは、その後のモニュメントの建て方に大きな影響を与えた。

この時代の思想を反映して、広々としたコンコルド広場がつくられた。この広場では、周囲を囲むことはせず、広場の外に出る軸線が強く意識された。またオデオン座の建設においても、劇場だけではなく周囲にファサードの統一された建物により囲まれた広場が設置されるとともに、ここから発する道路も計画された。

十九世紀の美観整備は、オスマンのパリ大改造に尽きると言ってよい。現在我々の知っている、放射状の道路形態や大通りの前方にモニュメントの見えるパリは、この時につくられたものである。ここで生まれた軸線の美学を、パリは今も継承している。

オスマン以降は、美観整備というよりも既存の街並を保全するという傾向が強いようである。

たとえば一九〇〇年にメトロをつくる際に、どのように建設するかを検討するため、オ

ペラ座を設計したガルニエを委員長とするメトロポリタン芸術委員会が結成された。委員会での討議の結果、高架にすると景観を損なうということで、地下につくることが決められた。こうして現在のように、「大都市の鉄道」を意味するメトロは「地下鉄」を意味するようになった。また駅についても、景観の点から駅舎を建てないことになり、よく知られているように、地下に通じる入口だけがギマールによりアール・ヌーヴォーの様式でつくられることになった。

第二次世界大戦後にも同じことが認められる。フランスでも都市の近代化が叫ばれ、一九五八年には日本と同様、都市再開発法が制定された。しかし再開発の結果、高層ビルが林立するニューヨークのような街が出現することとなり、あまりにこれまでのパリとかけ離れた景観ができたため、人々により批判されるようになった。この結果、一九八五年には都市再開発法は廃止されることになるが、この事実もいかに人々が既存のパリの街並に対し、愛着を持っているかということを表すものである。

以上のように、パリの美観整備は、十九世紀半ばのオスマンのパリ大改造をもって事実上終わる。これが現在見るパリ、多くの人の思い出に残るパリである。

ファサードの統一

パリでは様々な美観整備が行われてきたが、中でも、最も大きな影響を与えてきた整備の一つは、通りにおけるファサードの統一である。ここでは、その成立の経緯をみていきたい。

最初に統一が行われたのは、アンリ四世によりつくられた、十七世紀初頭のヴォージュ広場とドーフィンヌ広場においてである。しかし広場については成功したものの、続いて構想したドーフィンヌ通りでは、アンリ四世はファサードの統一を実現できなかった。

▲ヴァンドーム広場に見るように、まずフランス式広場においてファサードの統一が行われた。

▲広場以外では、コンコルド広場からマドレーヌ教会に向かうロワイヤル通りで、ファサードの統一が行われた。

広場については、その後ルイ十四世の時代にヴィクトワール広場とヴァンドーム広場がつくられ、フランス式広場と呼ばれる統一されたファサードに囲まれ、中央に王の像を置く形式が完成することになる。

通りについては、十八世紀にコンコルド広場とオデオン座がつくられた際に、ここから発する通りにおいてようやくファサードの統一が行われた。コンコルド広場については、北側に通る軸線としてロワイヤル通りがつくられ、ファサードの統一された通りができた。オデオン座についても、劇場前の半円形の広場を囲む建物のファサードが統一されただけでなく、この広場から放射状に出ている道路についても建物のファサードが統一された。どちらの場合も、広場に面する建物のファサードがフランス式広場の形式にしたがって統一され、次にここから出る道路についてファサードの統一がされており、広場のオルドナンスが影響している。

広場とは関係なく、通りだけで本格的にファサードが統一されるのは、十九世紀の初頭、ナポレオンによりつくられたリヴォリ通りからである。この通りでは非常に厳しいオルドナンスが適用されているが、それでも実現できたのは、皇帝の権威や権限があったからである。

パリで最後に、そして最も大きな規模でファサードの統一が行われたのは、オスマンのパリ大改造の時である。この典型はオペラ大通りで、ファサードのモデルとなる建物まで建設された。

オペラ大通りではオルドナンスとして、まず建物の高さと幅が決められた。このためどの建物も、窓は地面から一定の高さにあるだけではなく、窓の幅や窓の列の間隔も同じようになった。さらにバルコニーの位置が決められ、三階と五階に設置することが求められた。このため両側に並ぶ建物のバルコニーが一直線にオペラ座に収斂するように見

える通りが形成された。

オスマンは、フランス式広場のようにオルドナンスを厳密に定め、ファサードが完全に統一された通りをつくることはしなかった。オペラ大通りに見るように建物の幅と高さやバルコニーの位置を決めただけで、建物の様式については自由にさせた。このように自由度が高いオルドナンスを大規模に適用することができたために、類似した建物の並ぶ通りが多くの地区でつくられた。よくパリの街角で、ガイドブックを片手に周囲を見渡す観光客の姿を目にするのは、このためである。道に迷うのは無理のないことで、既にオスマンの事業のすぐ後で「同じような建物ばかりで、どこにいるか分からない」[*2]といわれているのである。

それまではオルドナンスを用いて、ヴォージュ広場やヴァンドーム広場のように「統一されたファサード」の建物をつくってきた。これに対してオスマンは、より緩いオルドナンスを用いることで「同質的なファサード」の建物からなる大通りをつくった。こうして、パリのどこに行っても同じ大きさでバルコニーの付いた建物が並んでいる街ができたわけである。

リヴォリ通り

パリで最もファサードが統一された通りといえば、リヴォリ通りであろう。この通りには、全く同じ様式の建物が、まるでフランス式広場にある建物のように一直線に並んでいる。パリには、シャンゼリゼ大通りやオペラ大通りなどもっと有名な通りはあるが、これらは凱旋門やオペラ座といったモニュメントが前方にあるからこそ、その魅力が生まれるのである。これに対しリヴォリ通りは、このようなモニュメントはなく、統一されたファサードの構成する景観によりその価値を保っている。

▲オデオン座の前の半円形広場と、この広場から発する放射状の通りでファサードの統一が行われた。

リヴォリ通りは、これまで構想されていたパリを東西に横断する通りを、ナポレオンが一八〇二年から実施に移したものである。狭く曲がった道路に代わり、直線の道路を東西に通すのであるから、まさにアルベルティの言う「実用性」を考えた計画である。しかしナポレオンは単なる実用性では満足せず、皇帝の威厳を市民に示すため、リヴォリ通りに「美」を付け加えた。

オルドナンスが厳格に適用され、一階と中二階がアーケード、三階から五階までが住居、六階と七階が半円形の屋根窓になっている。このように厳しく規制され自由に建てられないため、リヴォリ通りに面した土地はなかなか売れなかった。そこでナポレオンは、一八一一年に土地の取得について免税措置を定め、この結果ようやく同じ様式の建物が建てられ始め、現在見るような、パリで最も整ったファサードの建物が並ぶ通りとなった。

建物は北側にのみ建てられ、南側にはチュイルリー公園やルーヴル広場があるので、道路から離れたこれらの場所からファサードを眺めることができる。道路上にモニュメントのないリヴォリ通りは、南側から見ることのできる建物のファサード自体が主役の通りと言えよう。

このリヴォリ通りは、何を参考にしてできたのだろうか。当時アーケードのある建物としては、ヴォージュ広

場、コロンヌ通り、パレ・ロワイヤルがあった。ヴォージュ広場は既に十七世紀からある広場で、一階がアーケードになっている。コロンヌ通りは、リヴォリ通りができる前の一七九五年、一定の様式の建物をつくることを条件に、国が譲渡した土地に建てられたもので、両側には一階と中二階がアーケードになった建物が並んでいる。残念なことに、オスマンによる大通りがこの通りの真ん中を横断したので、もとの姿は失われてしまった。パレ・ロワイヤルは十七世紀から十九世紀までの長い間をかけてつくられた巨大な建物で、内側も外側もアーケードの建物が並んでいた。

リヴォリ通りをつくるうえで、これらのうちどれを参考にしたかを表す文献はないので、想像する他はないが、整然として、高いアーケードの並ぶ威厳のある雰囲気はパレ・ロワイヤルに近いように思える。

軸線の美学

周知の通り、現在のパリにおいて都市景観の中心となっているのは、オスマンの改造の結果できた軸線の美学である。広々とした直線の大通りの先に見えるモニュメントは、放射状の都市形態とともにパリを代表する景観となっている。この軸線の美学も、オルドナンスとは

▲リヴォリ通りは、フランス式広場と同様にファサードの様式が完全に統一された。

▲オペラ大通りでは、バルコニーの位置が統一され、軸線上のパースペクティブが強調されている。

無関係でなく、大通りの両側に高さとバルコニーの位置の揃った建物が連なることでパースペクティブがより明瞭になり、焦点の位置にあるモニュメントを一層際立たせている。

この軸線の美学は、どこから来たものだろうか。オスマンは、この件については何も述べていないので、既存の空間の影響を考えるより他はない。

軸線が強く意識された空間としては、コンコルド広場がある。この広場は、ルイ十五世がチュイルリー宮殿からシャンゼリゼへの眺望を妨げないようにという要望を出したため、後に「凱旋軸」と呼ばれる軸線が生まれることになった。一方、南北軸についても、北側にある左右対称の建物の間に道路を通し、その先にモニュメントをつくることが予定された。もちろん当時、軸線上には何も建っていない。ただ、直線の通りが軸線として確保されると、その先に目印となるモニュメントを求めたくなるのがフランスの美学のようで、軸線上にシャルル・ド・ゴール広場とマドレーヌ広場がつくられると、ここにモニュメントが設置されることになる。こうして、オスマンがパリの大改造を行うときには、シャンゼリゼ大通りの軸線上に凱旋門が、ロワイヤル通りの軸線上にマドレーヌ教会が建っていた。

これとは別に、軸線上のモニュメントがあった。それは、ドームを見るための軸線である。ファサードの後方にドームのある教会では、ドームを含む全体像を見るためには、建物からかなり離れなければならない。こうしてヴァル・ド・グラース教会やパンテオンでは、建物を見るため、前方に道路がつくられた。道路側から見れば、軸線上にモニュメントがあるわけで、凱旋門やマドレーヌ教会の場合と同じである。

このような空間を実際に知っているので、オスマンは大通りの先にモニュメントの見えるような道路形態を考えたのではないだろうか。

▲オスマンのパリ大改造の際、サン・ミッシェル広場の噴水が軸線上のモニュメントとしてつくられた。

オスマンは、大通りを通すことで交通を改善するとともに、街区に空気を入れ、空間をつくることでパリを衛生的にした。その一方で、オルドナンスにより高さやバルコニーの揃った街並をつくるとともに、放射状の道路形態を形成し、交差点にモニュメントを配置した。その意味で、実用性も美も同様に重視してパリの大改造を行ったと言えよう。

ただし実用性と美とは、必ずしも一致するものではない。たとえばオスマンは、植樹を衛生面から重視したが、並木道をつくると、ブールヴァールの両側に並ぶ建物のファサードや前方のモニュメントが隠されることになる。このためオペラ座を設計したガルニエは、オペラ大通りに並木道をつくることに反対し、結局オペラ大通りには現在見るとおり並木道はない。オスマン自身も、このような植樹の役割を理解していたようで、嫌っていたイットルフが、凱旋門の周囲にある十二の区画に統一したファサードの建物を設計した際、その前面に植樹をしてファサードを隠したという。

このように、建物を見る上では木々は好ましくない存在であるが、その一方で、街に潤いを与えるのも確かである。オスマンはこのような植樹の効果を考えて、並木道のあるブールヴァールと並木道のないアヴニュをつくったのかもしれない。

幾何学の精神

「この現代の感情は、幾何学的精神、構成と統合の精神である。正確さと秩序がその条件である」*3

これはル・コルビュジエの本の一節である。コルビュジエは建築作品とともに多くの著作の中で、自らの考えに酔ったような独断的な言葉で、建築や都市を語っている。学生時代、コルビュジエの本を読み、よく意味の分からないことを述べている、と感じたのを覚えている。後に、フランスの建築批評家であるミシェル・ラゴンが、コルビュジエの文章は詩であり、写真や図表とともに自らの思想を語っているのだと述べているのを知り、ようやく納得がいった。私も勤めている大学の大学院の授業でコルビュジエの本を使っているが、文章を横目に写真や図表が何を表すのかを考えていくと、確かにコルビュジエの言いたいことが理解されてくる。

コルビュジエにしてみれば、二十世紀になり新しい材料や技術が使えるのに、これまでと変わらない様式や美学にとらわれている建築や、自動車が現れ交通が増加したのに、旧態依然としたままの都市のあり方に我慢がならなかったのだろう。このような混乱している時代に秩序を与えるのが、幾何学の精神に代表される人間の理性ということなのだろう。

こう理解すると、コルビュジエの求めていることは、パリの美観整備に通じるものがある。通りにおけるファサードの統一も軸線の美学も、計画された秩序であり、これらをつくり出すには幾何学の精神や理性が必要とされる。幾何学とは何も広場の形態だけではなく、パリの都市空間に整然とした秩序を与える精神であったと言えよう。

注

＊1——ルソー『告白録』、井上究一郎訳、一〇六ページ、河出書房新社

＊2——Jean des Cars et Pierre Pinon, Paris-Haussmann, Picard 1991, p.130

＊3——ル・コルビュジエ『ユルバニスム』、樋口清訳、四六ページ、鹿島出版会

第十六景
大統領の美観整備
王と皇帝の夢は今も続く

美観整備の伝統

フランスでは、歴代の王や皇帝がパリの美観整備を行ってきており、現在でもパリの多くの場所に、彼らが遺した建物やモニュメント、さらには道路形態まで見ることができる。このような美観整備は現在の大統領にも引き継がれているようで、戦後の大統領も自らの治世を誇示するかのような建物をつくることが多い。特にフランス初の社会主義者の大統領となったミッテランは、グラン・プロジェと呼ばれる一群の大建造物を建てている。このような美観整備では、大統領の建築的な好みが直接反映しており、大統領が代わるとパリの表情も変わるようである。

美観整備は、文化を通して自国の威信を表そうとするフランスの伝統の一翼を担うものとしても位置付けられる。フランスは、アンシャン・レジームという絶対王制下で、宮廷の礼儀作法をはじめ絵画や文芸などを発展させ、ヨーロッパの各国は競ってこれらを取り入れ、見習おうとした。そこでフランス文化の優越性を誇示するため、アカデミー・フランセーズの創設にみるように、フランス語を明晰で整った言語にすることから、料理やワインに至るまで、フランス文化の卓越性を表すものとして洗練してきた。パリの美

▲ポンピドー・センターは、パリを近代化しようとしたポンピドー大統領の美学を表している。

観整備はスケールも大きいうえ、誰もが見ることができるものだけに、フランスの文化の優越性を表すには格好の手段であるといえよう。事実、明治の初めに岩倉具視を団長とする欧米視察団がパリを訪れた際、その美しさに驚嘆している。そしてパリの美観整備のこのような役割は、フランスの国民にも理解されてきたようである。

国民のコンセンサスがあるからこそ、大統領は税金を使って、自らの好みが表れるような巨大な建築をつくることができるのである。また現代では、このような建物はパリに新たな魅力をもたらすものであり、世界中から観光客を呼び寄せるのに一役買っている。いずれにせよ、歴史的に行われてきたパリの美観整備とその果たした役割を知らずには、現在の大統領の建てる建造物の持つ意味を理解できない。

ポンピドー・センターと大統領の個性

現代の大統領の行った美観整備の中でも、ポンピドー・センターほどその個性を表している建築はない。ポンピドー・センターを一目見れば、これを建てたポンピドー大統領の好みを理解できよう。ポンピドー大統領は、「時代遅れの美学を放棄しなければならない」と言うほど、古いものが嫌いで新しいものを好んだ。当然、美術においても現代美術の愛好者であり、ポンピドー・センターの五階と六階には、現代美術館が入っている。

ジョルジュ・ポンピドーは一九六九年、ド・ゴールが退陣した後に大統領となり、在任中に亡くなっている。ポンピドーは近代主義者であり、パリについても、古い街並を保存することなど頭の片隅にもなく、街を近代化して時代に適応させることを何よりも優先した。ポンピドー・センターのコンペでも「ひときわ斬新な建物でなければならない」と要望していた。こうして選ばれたのが、レンゾ・ピアノとリチャード・ロジャースによる提案である。ポンピドー・センターは、その後ハイテク建築と呼ばれる建物の先駆となるが、この作品も、ポンピドー以外の大統領の時代であったら、決してパリの中心地に建てられることはなかっただろう。

ポンピドー・センターは、鉄骨の躯体はもとより、空調や給排水のためのパイプや運搬のためのエレベーターなどを全て外に露出させた特異な外観により、世界に衝撃を与えた。建設する上で最初に問題となったのは、高さである。というのは、このハイテク建築の高さは四十二メートルあり、日本の都市計画法にあたる土地占有計画（ＰＯＳ）によるこの敷地の高さの制限を超えていたのである。ポンピドー大統領は土地占有計画の高さ規制を除外させて、自らが選んだ建物を建設させた。ポンピドー・センターは、幅百六十六メートル、奥行き六十メートルであり、周囲の建物を圧するかのように巨大である。この大きな鉄骨の建築をわずか十カ月で組み立てたのは、まさに技術の力であり、ポンピドー大統領も大いに満足したに違いない。

ポンピドー・センターでは、鉄骨の柱や梁、配管などを外に露出させただけでなく、給排水や空調などの機能ごとに赤・青・黄色などの原色が塗られた。周囲にある建物は、伝統的な石造りでベージュ色をしているため、色の点でも著しく対照的であり、景観破壊とでも言われかねないところである。しかしポンピドー大統領にしてみれば、これこそが今後のパリにふさわしい近代の美学だったのである。

ポンピドー・センターは「石油精製所」と呼ばれ、フランスはもとより世界で喧々囂々《けんけんごうごう》の議論を呼び起こしたが、現在ではすっかりパリの顔となっている。この点、同じ鉄骨の建造物であるエッフェル塔の場合とよく似ている。このように賛否両論の大きな議論を呼んだのも、周囲に伝統的なパリの街並が残されていたためである。これが建物の高さや大きさだけでなく、外観や色彩もまったく統一されてない東京だったなら、変わった鉄骨の建物が建てられたというだけで終わってしまうのではないだろうか。

ポンピドー大統領とパリの近代化

ポンピドー大統領は、パリの都市計画においても近代化を追求した。この結果、パリの景観は一部の地区で、オスマン以来の大きな変貌を遂げることになる。

大統領に就任すると高層建築を許可し、一九五八年に制定された都市再開発法をパリに適用した。こうして「近代化」という呼び声のもと、イタリー地区、モンパルナス地区、フロン・セーヌ地区で再開発が行われた。これら三地区では高層建築が建ち並ぶ一方、広々とした緑地や広場がつくられ、コルビュジエの言う「太陽、緑、空間」を備えた街がパリにも新たに生まれることとなった。これらの再開発では、人口密度は以前とほとんど変わらないものの、ニューヨークの一画を思わせる高層建築が林立する街の景観は、これまでのパリの街並とはかけ離れたものであった。オスマンのパリ大改造でも、これほど景観が変わることはなかった。また高さ二百九メートルのモンパルナス・タワーは、パリのどこにいても伝統的な通りの上に見ることができた。しかしながら、市民が数百年も親しんできた街並とは異質な都市空間は市民に受け入れられず、都市再開発はその後、行われなくなる。

また、ポンピドー大統領はレアル地区の再開発を行い、ポンピドー・センター、フォルム・デアル、国際商業センターを計画した。このうち国際商業センターだけは、ポンピドー大統領が死去したために実現されなかった。

フォルム・デアルは、ポンピドー・センターが引き起こした騒動を考え、地下四層の建物としてつくられた。これなら、近くに寄らない限りファサードが見えないので、伝統的な周囲の景観への影響は少ない。近代化を信奉したポンピドー大統領も、世論に配慮したわけである。

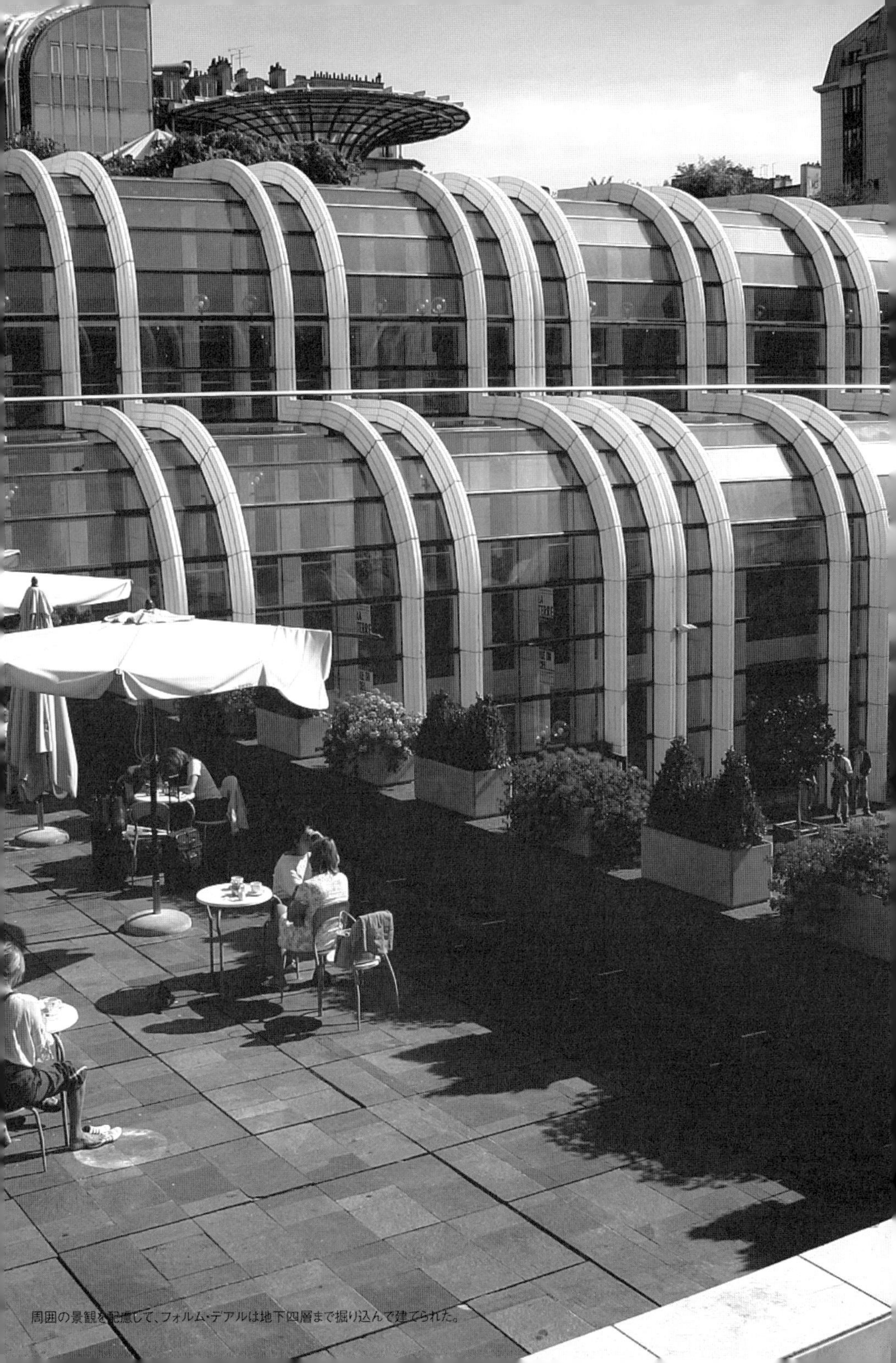

周囲の景観を配慮して、フォルム・デアルは地下四層まで掘り込んで建てられた。

▲パリの自動車交通のため、ポンピドー大統領はセーヌ川の右岸に自動車専用の道路をつくった。

しかし、この場所にあったヴィクトル・バルタール設計の十二棟の鉄骨の建物は取り壊された。これはオスマンの時代に建てられた、十九世紀を代表する鉄とガラスの建物であり、保存を求める声が多かった。次の大統領となるジスカール・デスタンも、この取り壊しには反対していた。現在なら十九世紀の文化遺産として保存し、再利用を検討するところであるが、当時にはまだこのような考えはなかったうえ、近代化への指向がまだ根強かった。このため一棟のみが移築され、他はすべて取り壊されてしまった。

また、ポンピドー大統領は「パリは自動車に適応しなければならない」と主張し、道路整備を検討した。しかし建物の密集したパリにおいて、自動車用の道路をつくれる場所などほとんどない。そこで目を付けたのがセーヌ川であり、この河岸を利用することにした。さすがに日本の首都高のように、河岸の上に高架の道路をつくるような、景観を全く無視した計画ではなく、河岸の内側に道路をつくることにした。

右岸については完成し、セーヌ川の側を通り、信号もなくパリの東西を結んでおり、「ポンピドー道路」と呼ばれている。ちなみにダイアナ妃が亡くなったのは、イエナ橋付近のこの道路である。左岸については、完成前にポンピドー大統領が死去したため、大部分は完成したものの道路計画は中止された。ポンピドー大統領が生きていれば、左岸の道路も完成したかもしれないことを思うと、いかに大統領がパリの都市整備や景観に影響を与えるかが理解されよう。

ジスカール・デスタン大統領の伝統主義

任期中に亡くなったポンピドーに代わり、一九七四年に大統領になったのは、ヴァレリー・ジスカール・デスタンである。ジスカール・デスタンは前任のポンピドーとは正反対で、伝統的なフランス文化を好み、パリの都市計画についても「都市計画事業はパリの地区の特徴を尊重すべきである」と主張した。

このような考えの大統領が就任したため、ポンピドーが着手した事業はことごとく中止された。レアル地区の国際商業センターの計画は撤回され、完成間近だったセーヌ川左岸の自動車道路も中止された。ジスカール・デスタンはパリを近代化することよりも、現在あるパリを保存することを選んだわけである。

さらにポンピドー大統領が許可した高層建築を禁止した。ジスカール・デスタンにしてみれば、歴史的に続いてきたパリの都市景観が損なわれ、パリが世界のどこにでも見られる高層建築が並ぶだけの伝統も文化も感じさせない街並になるのが、耐えられなかったのであろう。

建物の高さについては、就任して一年目の一九七五年に早くも土地占有計画を改正して、ゾーニングされた地区ごとの高さ規制を行っている。フランスの大統領ならフランス国内はもとより、ヨーロッパさらには世界の問題に取り組まなければならないのであるが、このような役割の大統領をもってしても、パリは優先して扱いたい都市なのであろう。ここで導入された高さ規制は、以下のとおりである。

パリの中心部　二十一メートル
パリの周辺部　三十一メートル
高層建築の周囲　三十七メートル

この基準は、既存の建物の高さを考慮して設定されたものであり、高層建築の周囲などはやや高く設定することにより、伝統的な建物がつくる街並との緩衝空間となるよう配慮されている。これ以降、この基準によりパリの建物の高さは規制され、高さが揃った街並が保全されることになる。しかしその後、この基準を絶対に守るべきか、あるいは優れた現代建築なら緩和すべきか、という問題が起きてくる。

▲新凱旋門は、ミッテラン大統領の好む幾何学的な形をしている。

またジスカール・デスタンは、オルセー美術館の計画を決定している。オルセー駅は一九〇〇年の万博の際に、ホテルを備えた鉄道の駅として建てられたが、使われないままになっていた。ポンピドー大統領が再利用を決めていたが、外観を保存し、内部を改造することにより十九世紀の様々なジャンルの芸術を展示する美術館とすることを決めた。一九八六年にオープンするが、外観をそのまま保存する手法など、いかにも伝統文化を尊重する大統領らしい計画である。

ミッテラン大統領のグラン・プロジェ

ジスカール・デスタンの次に大統領になったのは、社会党のフランソワ・ミッテランで、史上初の左派の大統領である。当時のフランスの大統領の任期は七年と長いうえ、ミッテランは二期にわたり大統領を務めたため、十四年も大統領の座にあった。

この間、「グラン・プロジェ」と呼ばれる一群のモニュメンタルな建築を建てることにより、パリを活性化させることに成功した。歴代の王や皇帝の中でも、これほど多くの建造物を遺した者はなく、ミッテランはパリにその治世の証を今も示している。パリの美観整備を通して、フランスの文化的優位性を世界に示すという、歴史的に王や皇帝の行ってきたことを、社会主義者の大統領も踏襲したわけである。

ミッテランが建てたのは、ルーヴルのピラミッド、新凱旋門、新大蔵省、新オペラ座、新国立図書館などである。また先任のジスカール・デスタンからオルセー美術館、アラブ世界研究所、ヴィレット科学産業センターなどを引き継いで完成させている。これほど多くの公共建築を建設したのは、初の社会主義者の大統領としての足跡をパリに遺したかったこともあろうが、もともと建築が好きだったようである。というのは、これらの建築にミッテランの好みが色濃く反映されているからである。

日本では、公共建築のコンペが行われる時でも、首相はもとより市長や県知事などの行政のトップが審査委員長になることは考えられない。ほとんどの場合、委員長は著名な建築家や学識経験者であり、たとえ委員長であっても自らの一存で作品を決定することはない。

ところがミッテランのグラン・プロジェの場合、大統領自身がコンペの応募作の中から直接選ぶことが多い。たとえば新オペラ座では、国際コンペに七百五十六案もの応募作が提出された。このうち審査委員会により六案に絞られ、その中からミッテラン自身が当選案、すなわち実際に建てられる作品を選んでいる。また新大蔵省については国内の建築家に限定したコンペであり、百三十七案が提出され、やはりミッテランが当選案を選んでいる。

ミッテランの建築についての好みは、建てられた建築を見ればすぐに分かる。幾何学的で単純な形である。新凱旋門は中が空いている単純な直方体であり、ルーヴルのピラミッドは四角錐である。新国立図書館はL字形の平面の塔が四つ、長方形の中庭を囲むように配置されている。

このように個人的な好みにより、公共建築を決めているのである。いくら国民により選ばれた大統領でも、建築については素人であり、多額の税金を使う巨大な建築を一人で決めてよいのか、という批判があるのは確かである。それでも国民が納得しているのは、歴代の王や皇帝がパリの美観整備を行ってきた伝統ゆえかもしれない。パリの美観整備には、王も大統領も、左派も右派も関係ないわけで、このことについては議論好きなフランス人の間にもコンセンサスが得られているようである。

ルーヴルのピラミッド

ミッテランのグラン・プロジェを代表するのが、ルーヴル宮の中庭に建てられたガラスのピラミッドである。ルーヴルは世界で最も有名な美術館であるばかりではなく、王制を代表する宮殿であり、パリはもとよりフランスを代表する建築と言ってよい。ミッテランにとっても特別な存在であり、一九八一年に大統領に就任した際、既にルーヴルに言及している。

ルーヴルのピラミッドはコンペにより選ばれたわけではない。大統領となった翌年、ミッテランは中国系アメリカ人の建築家であるイオ・ミン・ペイに会い、ルーヴル宮の全体を美術館として整備する計画を依頼している。こうしてペイが提案し、ミッテランが承認したのがガラスのピラミッドであり、まさにミッテラン自身の思いが結実してできた建築である。また、幾何学的なピラミッドという形も、ミッテランの個人的な好みを反映している。

一九八九年に完成したピラミッドは、底辺三十三メートル、高さ二十一メートルという巨大な鉄とガラスの建築で、ガラスの重量だけでも百トンに達する。このピラミッドは地下に設けられた美術館の入口の上を覆うものであり、いわば屋根としての機能しか持っていない。何しろ歴史的な石造りの宮殿の中庭に、鉄のフレームで支えられたガラスのピラミッドができたのであるから、世界を驚かせ、賛否両論の激しい議論を呼んだ。

当時から私は毎年、都市計画の調査のためフランスを訪れていたが、不思議なことにこの建物を初めて見たときから違和感が少なかった。以前からこの中庭の中央には何かオブジェが必要ではないかと感じていたことが、その理由であった。

ピラミッドが建てられる以前、ルーヴル宮の中庭は、何か空虚というか、しまりのない

空間に感じられた。それは、西に向かって大きく開かれており、北側のリシュリュー翼と南側のナポレオン翼が意味もなく西側に突き出しているように見えたからである。十九世紀、西側にはチュイルリー宮殿があり、ここは閉ざされた空間であったが、一八七一年のパリ・コミューンの際に宮殿が焼失し、それ以来、西に開け放たれた空間となっている。

　フランス式広場などの都市空間を見慣れてきたので、このような空間を見ると西側を閉ざすか、それができないなら中央にモニュメントを置くべきではないかと、無意識のうちに思っていたようである。このためか、中央にピラミッドができると、ようやくこの空虚な中庭に本来あるべきものがつくられたように思えた。また形はあるものの、ガラスに透過性があり、ピラミッドを通して反対側が見えるので視覚的影響が少ないことも、ルーヴル宮との違和感を少なくしている。いずれにせよ、私にはきわめて適切な計画に思えた。

美観整備と政治的軋轢

　フランスは民主主義の国であり、大統領とて独裁者のように振る舞うことはできない。特にミッテランの場合、初の左派の大統領のため、保守派との間に様々な政治的軋轢《あつれき》が生じたが、グラン・プロジェも例外ではなかった。当時の保守の重鎮は、ミッテランと大統領の座を争ったジャック・シラクであり、しかもシラクはパリ市長を務めていた。フランスでは建物を建てる際、日本の確認申請にあたる建設許可証を市長に提出し、許可を得なければならない。いわばシラクは、ミッテランのつくろうとする建物を審査する立場にあった。

　両者の対立は、ミッテランが大統領に就任してすぐに着手したルーヴルのピラミッドで、早くも始まった。この時には、シラクが一九八四年の歴史的建造物委員会との会議を

▲ミッテランは大統領に就任した時からルーヴルに言及し、ペイによりピラミッドが建てられることになる。

▲パリ市長のシラクは土地占有計画による高さ制限を守ることを求めたため、アラブ世界研究所の一階は著しく低くされた。

経て、了承している。またミッテランの最後の計画となった国立図書館についても、ガラスの塔を収蔵庫として利用することに異論を唱えている。

両者の対立で最も影響を受けたのはアラブ世界研究所である。ジャン・ヌーベルの傑作として知られるこの建築は、ファサードの二階以上には二百四十個の金属のルーバーが取り付けられ、さらにそれぞれのルーバーにはカメラの絞りのような装置が取り付けられて、日照をコントロールするというハイテクな機構となっていた。この装置がアラベスク模様にも見え、金属とガラスの現代建築でありながらアラブ世界をイメージさせている。しかし一階については透明なガラスがそのまま用いられている。

この建物の計画されるシテ島の対岸の敷地については、土地占有計画により、高さ三十一メートルに規制されていた。ところがジャン・ヌーベルの当初の設計では、この高さを超えていたのである。ジャン・ヌーベルにしてみれば、ポンピドー・センターの時と同様に、大統領の権限をもってすれば高さ規制など簡単にクリアできると考えていたのかもしれない。しかし今回の場合、建設許可証を交付するのは、ミッテランの政敵のシラクである。

シラクはパリ市の土地占有計画に従うことを求め、結局ジャン・ヌーベルも、その背後にいるミッテランも同意せざるを得なかった。この結果、アラブ世界研究所の一階部分を当初の設計より低くすることで、高さ三十一メートルの高さ規制を守って建てられた。

一般に、建物の一階部分は二階以上よりも高くして開放感を出すようにする。しかしこの建築の場合は一階が低く、期待してこの建物の中に入ったとき圧迫感を感じる。また、一階部分と二階以上のアラベスク模様のルーバーのある部分とが構成するファサードのプロポーションを損ねている。高さ規制に違反するといっても、数メートル以下である。おまけに周囲に高さ規制を守った同じ高さの建物が建ち並んでいるならともかく、隣にはパリ第七大学の高層の建物が建っているのである。高さ規制もあまり杓子定規に考える必要もなく、これなど政治家の言いがかりとしか思えない。この優れた現代建築を、本来の形で見ることができないのは残念でならないが、政治の世界では建築の完成度など問題にならないようである。

その一方で、実現されなかった建物もある。ミッテランは一九九〇年に、エッフェル塔の北東のセーヌ河岸にあるブランレー地区に、国際金融センターを計画した。国際コンペが行われ、例によってミッテランが二百三十九案の応募作の中から当選作を選出した。ここまでは順調で、ミッテランの思い通りに進んだのであるが、ここからパリ市長シラクとの戦いが始まる。

シラクは、この建物についてもアラブ世界研究所の時と同様、パリ市の土地占有計画による高さ制限に従うことを主張した。今回は一階の高さを抑えるくらいでは建てられないため、ミッテランは高さ規制の除外を求め、行政裁判所に訴えることにした。ところが一九九二年の判決はシラクを支持し、国際金融センターの計画にも高さ制限を遵守するよう求めた。

しかしミッテランとしても大統領の計画が、いくらパリとはいえ市長の横やりで全面的に再設計を余儀なくされるのは受け入れがたく、国務院（コンセイユ・デタ）に訴えることを決意した。国務院とは、行政に関する問題について最終的に判断する、フランスにおける最高の決定機関である。こうなると、優れた建物を建てる、あるいはパリの景観を保全するという本来の目的を離れ、政治家同士の意地と意地とのぶつかり合いになってくる。フランスの都市景観を研究する者からすれば、大人気ないように思われるが、政治家としての面子もあり、おいそれとは引き下がれないのだろう。結局コンセイユ・デタは、同年十二月にミッテランを支持する決定を下し、土地占有計画による高さ規制の除外を認めた。

ミッテランは国際金融センターの計画についてはシラクに勝ったが、その後この計画は見直され、結局中止されることになった。ポンピドーがレアルに建てようとした国際商業センターも実現されなかったことを考えると、このような建物はパリにはふさわしくないのかも知れない。

現在、ブランレー河岸にはケ・ブランレー美術館が建てられている。やはりパリには商業や金融についての建物よりも、美術館が似合っている。

第十七景
コンクリートのない街
パリにはない建築材料

コンクリートはどこに

大都会は「コンクリート・ジャングル」などと呼ばれる。コンクリートは、単にビルや道路をつくる材料としてだけでなく、大都会の冷たさや非情さを表す比喩としても用いられている。最近の政権交代で「コンクリートから人へ」というキャッチフレーズが使われたが、ここでもコンクリートは「人」という温かさや優しさが感じられる言葉に対して、ハコモノといわれる建物や公共事業を表すと共に、人間を拒絶する冷たいものを暗示しているようである。

コンクリートは鉄・ガラスと共に現代建築を構成する代表的な材料であり、日本ならどこの街でも見ることができる。ビルの多くは鉄筋コンクリートでできているし、木造一戸建ての並ぶような住宅地でも、コンクリート・ブロックが住宅を囲むことも少なくない。また歩道を歩けば、コンクリートの板が敷かれている。

しかしパリでは、コンクリートを見かけることはほとんどない。それどころか建築のガイドブックでも見ながら探さないと、コンクリートが外観に現れた建物を見つけることはできない。もちろん鉄筋コンクリートでつくられたビルはあるが、ガラスで覆われていることが多く、外観にコンクリートそのものが露出することはほとんどない。

パリの都市空間をつくりだしているのは石である。建物はもとより、道路、河岸、さらにはセーヌ川に架かる橋までが石造りである。このような石が支配する世界でコンクリートは陰に追いやられ、人の目に映らない場所にひっそりと存在している。どうしてコンクリートは、このように扱われるようになったのだろうか。

鉄筋コンクリート発祥の地

フランスは鉄筋コンクリート発祥の地である。十九世紀には、各地で実験的に鉄筋とコンクリートを組み合わせて用いることが行われたようである。しかし記録として確かめられるのは一八六七年、すなわち明治維新の一年前に、フランス人のジョゼフ・モニエがコンクリートに鉄筋を入れた鉢を考案したことである。モニエは植木屋で、コンリートだけで鉢をつくったところすぐに壊れてしまったが、鉄筋を入れると頑丈なものができた。そこで特許を取り、鉄筋コンクリートの技術が正式に誕生したのである。現在の利用法を知っているだけに、鉄筋コンクリートが植木鉢をつくるために考え出されたとは意外な気がする。

このモニエの特許が建築に用いられるようになるのは、それからずっと後の二十世紀になってからのことである。鉄筋コンクリートの植木鉢がつくられて以来四十年近く経ってからやっと建築に応用されたとは不思議に思えるのであるが、これは仕方のないことかもしれない。石や鉄骨のように頑丈そうなものなら、これで建物をつくることは容易に想像できよう。しかしコンクリートは固まるまで流動体であるし、鉄筋も自重により撓《たわ》むような曲がりやすい材料であり、これらを組み合わせて建物をつくることはなかなか思い浮かばなかったであろう。

▲十九世紀に完成したビュット・ショーモン公園では、岩や洞窟、それに河岸や川底がコンクリートでできている。

それでも、曲がりやすい鉄筋が引っ張りに強く、液状のコンクリートも固まると圧縮力に強いことが分かってくる。さらに好ましいことに、両者の熱膨張率は等しい。こうして、一見しただけでは頑丈に見えない二つの材料から、数階もある建物を建てられることも分かってくるのであるが、何しろパリには数百年以上にわたり石で建物をつくってきた歴史があるので、すぐには普及しなかった。

最初の大規模な利用

パリで最も早くコンクリートが用いられた場所の一つは、ビュット・ショーモン公園である。この公園に行くと、木々や岩のある山や洞窟があるとともに、川が流れ、水を湛えた湖があり、パリには珍しい起伏のある自然が残された所のように思える。しかしこれらはすべて人工的なものである。地面を掘って川や湖をつくるとともに、土を運んで盛ることで山にするのであるから、機械のない当時では大変な作業であった。三年にわたり、常時千人の労働者、百頭の馬が働いていたという。

この公園はオスマンのパリ大改造の際につくられたもので、左岸のモンスリー公園と対を成している。造園は一八六四年から一八六七年までであるから、モニエが鉄筋コンクリート技術の特許を取る前である。コンクリートが剥離していないところをみると、経験に基づいて鉄筋を使ったようである。

この場所はもともと石切り場として使われていた。石を切り出した後は、「モンフォーコンの首切り場」と呼ばれた、罪人の処刑場になった。その後は屠殺場、そして汚物処理場と、パリにとっての迷惑施設が次から次へとつくられてきた。当然、このような場所に住もうと思う人はいない。そこでオスマンは、ここに労働者のための公園を計画した。

この自然を模倣した人工の公園をつくるために大量のコンクリートが用いられ、山や

▲一九〇〇年にメトロがつくられた時、高架となった部分や駅に、鉄筋コンクリートでオーダーのある柱が用いられた。

洞窟がつくられ、湖の底には厚さ五十センチものコンクリートのスラブが敷かれた。コンクリートというと、日常目にするのは、木の型枠に流し込み平面にしたものである。そのため、このような利用をするという固定観念が生まれ、それ以外の使い方を想像できないようであるが、コンクリートを型枠を使わずに流すことで、岩や石に似せた形をつくることもできるわけである。

パリで、コンクリートがこれほど大量に用いられたのは初めてのことである。それが建物ではなく、公園に人工の山や川をつくるために用いられたということは、鉄筋コンクリートが植木鉢をつくるために用いられたのと同様に、予想外のことではないだろうか。

メトロの駅

パリでは一九〇〇年にメトロの建設が始まった。既に述べたように、景観に配慮して、高架ではなく地下に建設することとした。ところが一部は高架となり、地上に駅もつくられている。鉄筋コンクリートにより建物が建てられる以前、これらメトロの高架の柱や駅の柱に鉄筋コンクリートが用いられている。

高架となっているのは、二号線のバルベス・ロシュアール駅付近、五号線のガール・ドステルリッツ駅付近、六号線のラ・モット・ピケ・グルネル駅付近などである。これら高架部分はピロティ形式で、鉄骨でできた線路部分が柱により持ち上げられている。駅も地上に設置され、高架で用いられたのと同じ柱が使われ、それ以外の躯体は鉄骨でできている。

これらメトロで用いられた柱は鉄筋コンクリート製で円柱形をしており、縦に筋が入るとともに、柱頭にはイオニア式の渦巻き模様が付いている。鉄筋コンクリートの柱なのにオーダーを付けて石造りのように見せるところに、この時代の建築についての考えが表れている。

ギリシア・ローマ建築で用いられたオーダーは、ルネサンス以降、フランスはもとよりヨーロッパ各国で用いられてきた。このように長い伝統があったため、鉄筋コンクリートの柱についても、石造りの場合と同様にオーダーを用いたわけである。何しろ一九一〇年にウィーンでアドルフ・ロースが装飾のない建物を建てて、人々を驚かせた時代である。鉄筋コンクリートという新しい材料を用いて柱をつくったうえ、さらに装飾も付けないのでは、人々の目に奇異に映るのではないかと配慮したのだろう。それゆえ鉄筋コンクリートの柱にイオニア式オーダーを付けるという、現在からすると不釣り合いなものができることになる。

建築への応用

二十世紀に入ると、ようやく鉄筋コンクリートを用いた建築が出現するようになる。特にパリに事務所のあったオーギュスト・ペレは先駆者であり、ル・コルビュジエもその門を叩くことになる。

ペレにより、パリで最初に建てられた鉄筋コンクリートの建物が、トロカデロ広場の近くにある。これは一九〇三年の作品であり、メトロの駅にオーダーの付いた鉄筋コンクリートの柱が使われたのとほぼ同時代に建てられている。

この建築は両側の建物に接して建てられており、そうと知らなければ見過ごしてしまうような作品である。というのは外壁はタイルで覆われており、とても鉄筋コンクリートの建物には見えないからである。やはりこの時代、コンクリートを外に露出させることには抵抗があり、ペレもタイルで隠すことにしたのである。

またパリには、フランスで最も古い鉄筋コンクリートの教会がある。一九〇四年、アナ

▶一九〇三年オーギュスト・ペレにより、パリで初めて鉄筋コンクリートにより建てられた建物。タイルが貼ってあるため、コンクリートは見えない。

トール＝ド・ボードによりモンマルトルの丘の麓に建てられた聖ヨハネ教会である。ボードは『建築と鉄筋コンクリート』という本を著しており、新しい材料であり技術である鉄筋コンクリートを積極的に用いた。その際に、建築家として芸術的な指導力を果たすべきであると考えていた。

ペレはアパートの外壁をタイルで覆ったが、ボードはこの教会の外観をレンガで仕上げている。そのため地元では「聖ヨハネレンガ教会」と呼ばれている。ペレのアパートと同様、この教会も外から見る限り鉄筋コンクリートでできているとは気付かない。中に入ると、黒く塗られた柱が見えるので、ようやく鉄筋コンクリートであることが分かる。身廊と呼ばれる中央部の高い天井はヴォールト状になっているうえ、その両側の側廊の梁の下にも半円形の方杖が付けられている。また、窓にも鉄筋コンクリート製の半円をモチーフにした装飾が付けられており、伝統的な教会の雰囲気は感じられる。もしこれが水平と垂直の柱と梁だけであったら、冷たく素っ気ない印象になるに違いない。

ペレの建築にせよ、ボードの教会にせよ、鉄筋コンクリートを用いているにもかかわらず、外観はタイルやレンガという、従来の建築で用いられてきた材料により覆われ、周囲の建築と比べてもほとんど違和感を覚えない。これで、外観が打ち放しコンクリートであったら、ポンピドー・センターのように目立つ建物になっていただろう。このように、建築史に名を残す建築家もそうでない建築家も外観を周囲に合わせたのは、自分のデザインとしてそうしたのか、それとも当時の人々の建築についての見方に配慮したのか、知りたいところである。

マレ＝ステヴァンの建築

コンクリートは、一九二〇年の近代建築運動において、鉄・ガラスとともに主役となっ

▲一九〇四年に建てられた、パリで最も古い鉄筋コンクリート造の教会。外観はレンガで覆われている。

た材料である。この運動の中心となったのはル・コルビュジエであり、コンクリートを中心とした作品を各地につくり、パリにもいくつかある。コンクリートの建物がほとんど見られないパリで、コルビュジエの建築がどう見えるのか、知りたくなった。

日本なら、打ち放しコンクリートと呼ばれる、コンクリートの外壁に仕上げをせずにそのまま見せる建築がかなりある。このような建築は、竣工してすぐにはきれいに見えるが、時とともにコンクリートは劣化し、外観もみすぼらしくなってくる。特に日本では雨が多いため、日陰となる北側などでは苔まで生えることもあり、汚らしく見えることも少なくない。そこで、パリではコンクリートが外観に露出している建物はどうなっているのか興味を持ったわけである。そこでまず、現在ル・コルビュジエ財団として用いられている、一九二三年に建てられたラ・ロッシュ邸とジャンヌレ邸を訪れることにした。

この二つの建物は、高級住宅地として知られている十六区にある。地下鉄のラヌラゲの駅から歩いていくと、この一帯は二十世紀になってから開発された新興住宅地らしく、周囲には新しい建物が多い。コルビュジエも、当時あまり建物もなかった一画に、自らの建築理念を結晶させた鉄筋コンクリートの住宅を建てたのだろうと期待して行ってみたら、残念なことに修復中であった。

そこで、近くにあるロベール・マレ＝ステヴァンの建築を見に行くこととした。マレ＝ステヴァンはベルギーの出身で、コルビュジエと同時代にパリで活躍した建築家である。マレ＝ステヴァンの建築は近年修復されたらしく、外観はきれいに白く仕上げられている。ブルーのガラスと黄色の日除けも新しく、まるで新築の建物のようである。ファサードを見ると、白い壁面が黒い窓枠により水平と垂直に分割され、そこにブルーのガラスや黄色の日除けが配置されており、オランダで起きたデ・ステイルの運動に参加したモンドリアンが描いた絵画のようである。建築としても、同じくデ・ステイルの運動の一環

▲教会の内部。鉄筋コンクリート造のアーチが装飾的に用いられている。

を成す、リートフェルトのシュレーダー邸がすぐに思い起こされた。造形も現代的、外観も新しく、現代の建築家により近年建てられたと言われても、納得するのではないかと思われる。

マレ＝ステヴァンの建築は、コンクリートの外壁に仕上げがしてあるうえ、最近修復されている。コンクリートでも仕上げをして、メンテナンスをよく行うなら、いつまでも良い状態を保てるかもしれない。建てたままでは、「やり放しコンクリート」になるからである。いずれにせよ、打ち放しコンクリートが時とともにどう見えるようになるのか、高温多湿の日本と、寒冷で湿度の低いフランスとで比較をしてみたいところである。

ル・コルビュジエの建築の現在

パリにはラ・ロッシュ邸やジャンヌレ邸の他に、ル・コルビュジエの傑作として知られる、一九三二年に完成したスイス学生会館がある。この建物は、各国の学生の集まるパリの南端のシテ・ユニヴェルジテにある。二十世紀の初期から建てられた様式建築が多い中で、コルビュジエの建築は、ピロティを用いた斬新な現代建築として際立っている。ここに来てようやく、打ち放しコンクリートを用いた建物を見ることができた。

外観を見ると、板状の居室部分の側面や背後にある共用部分は打ち放しコンクリートになっているが、汚れがほとんど目立たないのに驚いた。しかし、近づいてピロティ部分に行くと、雨がかからないにもかかわらず、柱やその上に乗っている横に長い梁もかなり汚れている。特に梁は、施工も良くないうえ老朽化が目立っている。これを見ると、やはり八十年近い歳月を経たコンクリートの状態は、決して見た目にきれいに映るものではないことが分かった。

そうなると、雨の当たる外側の打ち放しコンクリートの状態を、どう理解したらよいの

▲一九二六年にマレ＝ステヴァンにより建てられた建物。外壁のコンクリートは白く仕上げられ、修復されている。

だろうか。おそらく外壁は雨やスモッグのため汚れがひどいので修復をしたと思われる。実際、側面の打ち放しコンクリートだけでなくファサードを見ても、コンクリートの壁面やガラス、それにルーバーなどが新しく、とても八十年前のものとは思えない。マレ＝ステヴァンの建築も修復されているのであるから、現代建築において名を馳せたコルビュジエの作品なら、当然修復は行われるだろう。現に、コルビュジエ財団として用いられている二つの建築は修復中である。

打ち放しコンクリートでできたピロティ部分を見ると、石造りの建物と比べずっと汚く、修復が必要なように思える。このような、二十世紀に建てられた鉄筋コンクリートの建物に対し、パリにはマレ地区をはじめ、三百年以上も前に建てられた建物の並ぶ街並が数多く遺されている。マレ地区では、保全地区に指定された後、街区事業が行われ、多くの古い建物が修復され、外観は磨き直しをされた。これと比べるなら、コンクリートの外壁は、八十年も経たないうちに修復しないと、見るにしのびない状態になるわけである。

パリの人々は、数百年もの歳月に耐えてきた石造りの建物に囲まれて生きているのである。建てられてから、数十年もしないうちに汚れてくるコンクリートの建物を敬遠したくなるのも当然かもしれない。

郊外の団地とコンクリート

パリにコンクリートの建物が見られない理由の一つは、戦後郊外に建てられた「シテ」と呼ばれる大規模な団地にある。フランスでは、第二次世界大戦により多くの住宅が被害を受けたうえ、戦後植民地であったアルジェリアの独立により、多くのフランス人が帰国した。これらの人々を受け入れるため、大量の住宅が必要とされた。この課題に対応するため、「太陽、緑、空間」というコルビュジエの指導した近代建築運動の理論が適用され、

パリの郊外に大規模な団地がいくつも建設されることになる。これらの団地では、「塔」と呼ばれる高層の集合住宅や「板」と呼ばれる横に長い集合住宅が、鉄筋コンクリートで建てられた。

しかしこれらの団地は、これまた近代建築運動の主張である、人間生活を仕事・移動・休息の三つに単純に区分する提案にしたがって、休息するだけの場としてつくられたため、職場から帰って寝るだけの単調な空間となった。この結果、経済が復興してくると、経済的に余裕のある人々は団地から次々に出て行くことになる。

その後、かつての植民地であるアフリカの国々から移民が押し寄せるようになると、彼らは家賃の安いこれら郊外の団地に住み着くようになる。移民の中には、読み書きはもとより、フランス語さえ満足に話せない人々も少なくなかった。このため就職もできず、失業や貧困、さらに近年には、暴力や麻薬が大きな問題となっている。また彼らはイスラム教徒であることが多く、現地の習慣を持ち込むため、フランス社会に同化することが難しいという問題も起きてくる。これが郊外地区問題と呼ばれるもので、フランス社会が国内で直面する大きな課題の一つである。

このような団地では、塔や板と呼ばれる巨大な住棟のメンテナンスはほとんど行われず、鉄筋コンクリートでできた建物は急速に劣化して、汚れてくる一方であった。さらに、失業した若者によるヴァンダリズムと呼ばれる建物への落書きや、器物の破壊が日常化している。

郊外の団地が抱えるこのような社会問題は、どうしてもそこにある鉄筋コンクリートでできた汚い建物と重なり合うため、フランスでは、コンクリートと聞くと、団地の劣悪な環境が連想されるようになった。パリでコンクリートが外観に現れた建物がほとんど見られないのは、このようなイメージが大きく影響している。

▲コルビュジエが一九三二年に建てたスイス学生会館。外壁のコンリートは修復されたらしく、きれいである。

▲ピロティ部分を支える柱や梁は雨がかからないものの、かなり汚くなっている。

それにしても、竣工から数百年を経た石造りの建物がパリになかったとしたら、これほどコンクリートの建物が嫌われることもなかったと思う。人と同様で、建物も老いてなお美しいというのは稀である。パリの街にコンクリートの建物がないのをみると、このことを強く感じる。

第十八景
石の芸術vs鉄の技術
鉄はいかに建築として認められたか

石と鉄

パリ第八大学のフランス都市計画研究所に留学していた頃、博士課程の授業を聴講した時に、建築学科を卒業した何人かの学生と出会った。彼らと話をして、建築学には博士の学位がないと知って驚いた。

フランスでは建築は芸術と見なされており、そのため建築学科は文部省の設置した大学ではなく、文化省の管轄にある「ボザール」と呼ばれる美術学校に設置されている。美術学校は、その名の通り芸術を学ぶ場であり、学問を学び、研究する機関ではない。このため、博士課程などという研究を目的とするコースはなく、博士の学位を取得したいと思うなら、研究機関である大学の博士課程に入学して、都市計画や美術史としての建築史を研究し、博士論文を書く他はない。このような理由で、私が出会った学生たちはパリ第八大学の博士課程に入学したわけである。

日本では、建築学科は工学部にあるのが一般的で、当然ここで学位を取得すれば工学博士となる。しかしこのような制度は世界でも例外的で、建築学科はフランスのように美術学部やデザイン学部に置かれるのが一般的である。このような制度上の差は当然、学

▲サント・ジュヌヴィエーヴ図書館の内部。鉄骨の梁が天井を支えている。

び方にも反映している。日本の建築学科では、デザインも学べば、構造、材料、あるいは環境工学など様々なことを勉強する。これに対し他の国々では、建築学科ではデザインを中心に学び、構造などは工学部の土木工学科で学ぶという、芸術と技術の住み分けをしている。

現在では、建築家とエンジニアは密接に結び付いているが、歴史的には決してそうではなかった。

十九世紀になり、鉄が橋などに用いられるようになると、エンジニアがこれらを設計するようになる。橋などは実用的な構築物であり、芸術とは見なされなかった。エッフェル塔が建てられた時、当時の作家や文化人だけでなく建築家からも非難されたのは、鉄を用いた建造物が当時どのように見られていたかをよく物語っている。

一方、建築家は石を用いて壮麗な建物を設計する芸術家であった。建築についてはギリシア・ローマ時代からの二千年以上の歴史があり、フランスでも建築アカデミーが創設されており、いわば国のお墨付きの芸術として認められていた。このような歴史を反映して、建築家がつくるものといえば、教会、宮殿、劇場、貴族の館、それと日本ではほとんど知られていないが都市壁などであった。十九世紀の半ばになり、オスマンがパリ大改造を行う頃、ようやく建築家が当時隆盛していたブルジョアのために建物を建てるようになった。

建築材料として二千年以上の歴史のある石に対し、十九世紀になると鉄という新しい材料が現れる。この結果、石vs鉄、芸術vs技術、建築家vsエンジニアという対立が生じるようになる。とはいえ、十九世紀は百年もあるわけで、この間に鉄の利用や技術も著しい進歩を遂げることになる。たとえばパリでは一八二〇年代に、パサージュと呼ばれる鉄とガラスでできたアーケードが多数つくられたが、十九世紀末になると、これがずっと大

▲国立図書館の内部。半球状の屋根を細い鉄柱が支えている。

規模になり、百貨店や銀行の大きな吹き抜けを覆うようになる。鉄が支持するスパンは数倍になったわけである。

また、鉄そのものの表現も変わってくる。十九世紀初めの一八〇四年、パリで最初の鉄の橋として、ポン・デ・ザールがルーヴル宮の前に架けられた。現存するこの橋には、まったく装飾がない。ところが一八八〇年、エッフェルがメトロのオステルリッツ橋をつくるが、この橋の部材には装飾がある。さらに一九〇〇年の万博の時には、アンヴァリッドを望む軸線上に、パリで最初の、橋脚なしでセーヌ川をまたぐアレクサンドル三世橋が架けられる。この橋には、鉄の部材はもとより欄干にまで、金色に塗られた華麗な装飾が施されている。

このように、十九世紀の間、鉄は技術的に進歩しただけではない。当初は実用性のみを考えていたが、次第に装飾が用いられるようになってくる。橋をつくるにも、石と同じく鉄にも装飾を用いることで、鉄の橋を芸術のように見せることが行われるようになった。

それでは十九世紀、芸術である石の建築の中で、鉄はどのように用いられるようになってきたのか。以下、年代を追って考えてみたい。鉄の利用ではガラスも併せて用いられることが多いが、ここでは鉄にのみ焦点を合わせて述べていきたい。

先駆者ラブルースト

数世紀以上にわたる石造りの建築において、最初に鉄を大規模に用いた建築家はアンリ・ラブルーストである。ラブルーストは、現在のパンテオンの北にサント・ジュヌヴィエーヴ図書館を設計する際、十九世紀の新材料である鉄を用いて屋根をつくっている。この図書館は一八四三年に完成するが、それから十年も経つと、他の建築家も鉄を用いるようになることを考えるなら、ラブルーストの先駆者としての役割を評価することがで

▲国立図書館のファサードは石造りである。

きよう。

図書館といえば公共建築であり、石造りの芸術であると当時は考えられていた。このような時代、さすがにラブルーストも鉄のみで建築をつくることはせず、二階建ての図書館の屋根を支える梁に鉄を用いた。二階は閲覧室になっており、天井には、二スパンの鉄骨のアーチ型をした梁が見えている。中央にある鉄の柱は両側の石の柱に比べると著しく細く、ほんど視界を遮ることなく、広々とした内部空間をつくりだしている。これで、中央に両側と同じような太さの石の柱が並んでいたら、ずっと重々しく閉ざされた雰囲気になるだろう。

ラブルーストは屋根に鉄を用いたが、ファサードは伝統的な石造りにしている。このため、パンテオン広場に面した長い石造りのファサードを見ると、内部に広々とした空間が広がることなどとても想像できない。ラブルーストにしても、外から見えない部分には鉄を用いたものの、誰もが目にする外観については、数世紀の伝統に忠実に従い、石造りの芸術にしたわけである。

同じ時期、ナポレオン三世の下では、オスマンがパリの大改造を行っていた。ナポレオン三世は、内部に鉄を用いたサント・ジュヌヴィエーヴ図書館を大いに評価した。というのは、ナポレオン三世は世界に先駆けて産業革命を成し遂げたイギリスに亡命していたこともあり、近代の技術を評価していたからである。ちょうどこの時、国立図書館を計画しており、設計をラブルーストに依頼することにした。ラブルーストが一八六七年に完成させた図書館は、ミッテランがトルビアック河岸に新しい図書館をつくるまで、国立図書館として使用されることになる。

この図書館も二階建てであり、サント・ジュヌヴィエーヴ図書館と同じように、二階の閲覧室の屋根に鉄を用いている。ただし、ラブルーストはここでは鉄を大胆に用いて、こ

▲北駅のファサードは石造りである。

れまで見たことのないような内部空間を創り出した。高い天井は、いくつもの半球状のドームにより構成され、各ドームは四本の細い鉄の柱で支えられている。半球の中心部はガラスのトップライトになっており、空からの光を広い閲覧室に入れている。現在の鉄を用いた建築でも、このような空間をつくることはないので、十九世紀のラブルーストの発想には驚かされる。

ただしファサードの背後には、鉄でできた二階部分の側面が屋根裏部屋のように立ち上がり、丸い窓や半円状の開口部が開けられており、異質な空間が中にあることだけは暗示している。このような石と鉄の扱いは、以降、他の建築家も用いるようになる。

駅と鉄の利用

十九世紀の半ば、フランスでは鉄道網が発達し、パリにもフランス各地へ向かう列車のための駅がつくられる。ちょうどオスマンがパリ大改造を行っている時であり、駅はこの事業でも大きな意味を持っていた。なぜなら、ナポレオン三世は鉄道の駅を都市への入口と考え、重視していたからである。

パリで最初につくられた、遠隔地へ向かう列車用の駅は北駅であり、ラブルーストの国立図書館が完成する一年前の一八六六年に完成している。設計は、ジャック＝イグナス・イットルフであるが、原案の作成の段階から他の建築家も参加していた。北駅は最初の駅として、それ以降パリにつくられる駅のモデルとなった。この駅は、できた当時からほとんどその姿を変えず、今でもほぼイットルフが建てた時の姿を保っている。

駅というのは、昔も今もプラットホームのある大きな内部空間を必要とするため、大架構が必要になる。北駅では、七十二メートルの鉄のトラスが用いられている。石造りでは、とてもこのような大スパンをつくることができないので、駅とはまさに鉄という近代技

▲サント・オーギュスタン教会の内部。平らな天井を鉄骨のトラスが支えている。

術を必要とする施設であると言えよう。

その一方で、北駅はパリの入口であり、パリに着いた人が最初に目にする施設である。パリの美化を構想しているナポレオン三世にしてみれば、この駅はひときわ強い印象を与える建築でなければならなかった。それゆえ、イットルフは北駅のファサードに石を用いることにして、鉄の躯体にいわばお面のように石造りの建築を付けている。この石造りの部分こそ、駅を芸術としての建築にするうえでの、イットルフの建築家としての腕の見せ所である。

石造りのファサードを見ると、一階部分にはドリス式のオーダーの列柱が並び、二階にはヨーロッパの都市を表す九つの像が置かれている。このような装飾があるのは、石造りのファサードだけではない。鉄でできた内部でも、鉄柱に装飾としてコリント式のオーダーが用いられている。鉄柱を単なる構造部材として用いるだけではなく、アーカンサスの葉の装飾を柱頭に付けることで、少しでも芸術的に見せようとしているわけである。

北駅のように躯体は鉄でつくり、ファサードや外観を石造りにすることは、その後の駅でも用いられることになる。このため、パリでは重厚な石造りのファサードから駅構内に入ると、鉄骨のトラスのつくる大空間が広がることになる。オルセー美術館は、かつての駅舎の内部だけを改造した施設であるが、外観を見る限り、初めから美術館として建てられたものではないかと思われるのも、このような事情を考えれば当然である。

中央市場と鉄の利用

オスマンはパリ大改造の一環として中央市場の再建を計画し、この設計を知人のヴィクトル・バルタールに依頼することにした。バルタールは、当時の通念に従い、当然のように石造りの中央市場を設計してオスマンに提示した。

▲サント・オーギュスタン教会の石造りのファサード。

この案を見たオスマンは、バルタールに鉄を用いて設計するよう求めた。これはオスマン自身の意見というよりも、ナポレオン三世がラブルーストの鉄を用いたサント・ジュヌヴィエーヴ図書館を評価したことを知り、正式な発注者であるナポレオン三世の意向に添うようにアドバイスをしたものである。

バルタールは、既に東駅で鉄の建物を設計していたこともあり、オスマンの意見を受け入れ、鉄とガラスによる中央市場の設計をした。案の定、この設計はナポレオン三世に認められ、北駅と同年の一八六六年に十棟の建物が中央市場として完成した。

この十棟の建物は、一九六九年に取り壊されるまで、百年以上も中央市場として用いられることになる。取り壊しの際にも、次期大統領となるジスカール・デスタンをはじめ各方面から保存を求める声が上がり、一棟は取り壊されずに移築された。このことは、バルタールの建てた鉄の建物がいかにパリに定着し、市民から親しまれていたかを表している。

それまで鉄が外に露出する建物としては、温室などの小さな建物しかなかった。これに対してバルタールの十棟の建物は、パリで初めて鉄骨が表に現れる大きな建物であった。この点は、イットルフの北駅が、構造躯体に鉄を用いていたにもかかわらず、ファサードを石造りにして鉄が外から見えないようにしていたのとは対照的である。

この中央市場は、三十年後のエッフェル塔のように、文化人からも市民からも非難されるようなことはなかった。市場は実用的な建物であり、図書館や駅のように芸術のような建築にすることは求められなかったのである。この頃から、石造りの芸術としての建築と、鉄による実用的な建物という区分が、おのずから人々の意識の中に生まれてきたようである。しかしながら、実用的な建物である中央市場を鉄でつくったのは、れっきとした建築家であるバルタールであった。バルタールが自らの建てた建物を芸術であると

▲聖母労働教会の内部には、鉄骨が露出している。

思っていたのかどうか、知りたいところである。

教会と鉄の利用

パリで「教会」といえば、まずノートルダム大聖堂のような壮大な石造りの教会を思い浮かべるだろう。しかし十九世紀の半ばに、鉄でできた教会が建てられていることは、あまり知られていないようである。鉄筋コンクリートによる教会が二十世紀に入ってから初めて建てられたことを考えるなら、同じ現代建築の材料でありながら、鉄の方がずっと早く、パリにおける神の館をつくるうえで利用されたことになる。

オスマンがブールヴァールをつくる際、その起点と終点にモニュメントを配置したことはよく知られている。サント・オーギュスタン教会も、このようなモニュメントとなるべく建てられた。この教会は、マルゼルブ大通りがY字型に分岐する場所にあるため、この大通りの南側から眺めると石造りのファサードがひときわ印象的に見える。しかしサント・オーギュスタン教会の躯体は鉄でつくられているのである。

マルゼルブ大通りを開通させたオスマンは、この大通りの分岐点に菱形の敷地をつくり、この軸線上にファサードを向けた教会を建てることを計画した。設計については、今回もバルタールに依頼した。バルタールは中央市場の十棟の建物を鉄で建てており、今回も鉄を用いて教会を建てることとした。何しろ軸線上のモニュメントであり、高くした方が遠くから見ても目立つわけで、それには石を積み上げるよりも、鉄の柱を利用する方が望ましいと判断したようである。

こうしてバルタールは、高さ五十メートルに達する教会を、一八六〇年から一八六八年までの八年間で建てることになる。もし石を一つひとつ積み上げて高さ五十メートルの教会をつくろうとしたら、構造上も大変であるが、何より多くの年月を要したことだろ

う。

教会の中に入ると、他の教会のように太い柱がないので、空虚な空間が広がっている。細い鉄の柱は壁にはめ込まれるように付いており、金色に塗られた装飾がところどころに施されており、少しでも石造りのように見せようとしている。しかし天井には、アーチ型の鉄骨のトラスがそのまま露出しており、鉄でつくられていることが一目で分かる。同じように身廊の高いゴシック様式の教会では、天井には交差ヴォールトが優美な曲面を描いているのに対し、この教会の天井は平らであり、実に単調である。バルタールも前例のないことゆえ、鉄骨でどのような天井をつくるのか分からなかったのかもしれない。

一方、マルゼルブ大通りの南側から軸線上に見えるファサードは石造りであり、鉄でできた内部空間をとても想像できない。何しろ鉄でつくられた駅でさえ、外観を石造りにしているのである。当時の人々の感覚からすれば、教会それもブールヴァールの軸線上にある高さ五十メートルのモニュメントなら、石造りの壮大な聖堂でなければならなかった。

その後、二十世紀を一年後に控えた一九〇〇年、モンパルナスに聖母労働教会という名の小さな教会が鉄骨でつくられた。その名の通り労働者のための教会であり、決して経費をかけてつくられた教会ではない。そのためか、内部に入ると鉄骨が何の装飾や彩色もされずにそのまま露出しており、教会というよりも工場の内部のようであり、聖なる雰囲気など全く感じられない。

しかし外観を見ると、ファサードだけでなくすべて石で覆われており、他の石造りの教会とほとんど差はない。知らない人が見るなら、石造りの教会だと思うに違いない。建てた人たちは、たとえ内部の仕上げを剥き出しの鉄骨にしても、外観だけは神の館らしく見せたいと思ったわけである。二十世紀を前にしても、教会は石造りの荘厳な建物でなけ

▲聖母労働教会の外部は石で覆われ、鉄骨の建物とは思えない外観をしている。

▲グラン・パレの内部。鉄骨により巨大な内部空間がつくられている。

ればならない、という固定観念があったことが分かる。

二十世紀を迎えて

二十世紀になっても、建築とは石造りの芸術であるというギリシア・ローマ時代からの考えは存続した。たとえば一九〇〇年の万博でグラン・パレがつくられるが、背後に鉄の骨組みが見えるにもかかわらず、ファサードは石造りであり、渦巻き模様の柱頭のあるイオニア式のオーダーの列柱が並ぶ、堂々たる姿を見せている。

しかしその一方で、日常的な建物については、鉄も外観に現れるようになり、パリの街角にも鉄の建物が見られるようになる。

パリの街で、最初に一般の街角に鉄が見られるようになるのは、メトロの入口がつくられてからのことである。一九〇〇年にできたパリのメトロは、ほとんどの路線が地下にあるため、地上には、地下の駅に誘導する入口だけがつくられた。現在も遺るこの入口をつくったのはエクトール・ギマールであり、草花をモチーフにした、いわゆるアール・ヌーヴォーの装飾を鉄でつくっている。ギマールのデザインした入口は、現在二種類遺されている。ほとんどは鉄の柱と柵だけでできているが、アベス駅とドーフィンヌ広場駅には、ガラスの屋根と壁の付いた入口が遺されている。

ギマールの作品は、建物というよりもオブジェに近い。それでも二十世紀になり、パリのどこの街角でも人々が見ることのできた鉄の構造物が、この「鉄でできた装飾品」ともいえるメトロの入口であった。

既に述べたように、メトロのうち一部は地上を走り、駅もつくられている。この駅を設計したのは、ジャン＝カミーユ・フォルミジェであり、オーダーの付いた鉄筋コンクリートの柱以外は、鉄を用いてつくっている。

フォルミジェの鉄製の駅は、その頃のパリの周辺部に建てられている。それにしても、中央市場を除くなら、鉄骨造りの外観を見せる建物が、初めてパリの街角に姿を現したわけである。フォルミジェはギマールと対照的に、柱や梁などにほとんど装飾を用いず、鉄の部材をそのまま用いている。装飾の多い石造りの建物を見慣れた人々の目に、メトロの駅はさぞ簡素に映ったことだろう。

メトロが完成した一九〇〇年には、現在オルセー美術館となっているオルセー駅が建てられている。この鉄でつくられた巨大な駅が石の外観を装うことと比べると、同じ駅でも、日常的に利用する小さなメトロの駅なら、鉄だけの外観でもよいと人々は考えるようになったのだろう。

二十世紀になると、鉄を用いたファサードを持つ建物が並ぶ通りが現れる。オペラ広場から東に伸びるレオミュール通りである。

この通りは、世紀末の一八九七年に開通した。その翌年から、パリ市は毎年ここに建てられる建物について、ファサードのコンペを行うことにした。この通りについては、伝統的な建て方である、両側の建物に接して建てることとされていたので、ファサードをつくることは、すなわち建物をデザインすることであった。このコンペでは、毎年六つのファサードを選ぶことになっており、建築家にしてみれば、またとないアピールの場であった。

このコンペでは、鉄を用いてデザインしたファサードが選ばれることが多かった。やはり建築家は、伝統的な様式に縛られるよりも、みずからの想像力を働かせて新しい造形をつくりたかったのである。また、開通したばかりのレオミュール通りでは、商工業用の建物を建てることが多く、新しい材料である鉄を用いるのに適しているという事情もあった。

▲グラン・パレの石造りのファサード。

▲レオミュール通りには、鉄のファサードの建物が並んでいる。

こうして現在見るように、レオミュール通りには鉄でできたファサードの建物が並ぶようになった。建物はもとより、道路や広場、それに河岸まで石でできたパリの街を見慣れているので、鉄の建物が並ぶこの通りに来ると、「ここがパリだろうか」と思えてくる。ただ、鉄のファサードといっても現在のような鉄とガラスの平板なカーテンウォールではなく、それぞれの建物ごとに装飾や曲線など独特のデザインを用いており、見ていて楽しい。

この通りの建物は、躯体は石造りでありながら、ファサードだけが鉄でできていることになる。これまで述べてきた駅や教会の建物とはまったく逆のことが、レオミュール通りの建物で起きている。数世紀以上にわたる石造りの建物の伝統があるものの、二十世紀となり、ようやく一般の建物については、新しい材料である鉄が、パリにおいても堂々と使われるようになってきたわけである。

このような鉄のファサードの建物が建てられるようになったのは、市民が鉄を受け入れるようになったことを表すものである。ほんの十数年前には、エッフェル塔に対して様々な方面から非難が浴びせられたことを考えるなら、この間の変化は劇的である。エッフェル塔も、完成当初は非難されたものの、時とともにパリの風景となり、市民に親しまれるようになるとともに、鉄が人々になじみやすい材料となったのだろう。

とはいうものの、芸術として見なされた建築である教会や宮殿などについては、たとえ躯体に鉄を用いていても、石造りの外観を付けているのである。鉄とガラスでできた建築が芸術として認められるには、もう少し待たねばならなかった。

あとがき

「汗牛充棟」という言葉がある。蔵書があまりに多いので、積み上げれば棟木まで届き、牛に引かせれば牛が汗を流す、という意味である。パリについての本も、タレントの本から研究者の専門書までたくさん出されており、すべてを集めれば汗牛充棟になるのではないかと思う。

これはフランスでも同様で、ずっと以前からパリについては様々な本が出版され続けている。ルイ・ベルジュロンは『パリ 景観の誕生』の序文の中で、一九二一年の時点でパリ関係の本は二万点出版されており、これに各種の雑誌などを加えると六万点になると述べている。それから九十年近く経つわけであるから、フランスで出版されたパリについての本は一体どれくらいあるのだろうかと思ってしまう。

これだけ多くの本が出されていると、パリについての論文を書こうとするなら、参考文献を読むだけでも大変ではないかと思われる。参考文献を読んでいるうちに一生を終えてしまった、あるいは読んでいるうちに自分の研究しようと思っていたことが既に研究されていた、などという悲劇が起きるのではないかと心配になってくる。このようなことを避けるには、重箱の隅のさらに隅をつっつくような、他人が聞いたら呆れるような小さなテーマを探さなければならないのでは……とも思えてくる。

しかし、かく言う私もパリについての論文を書いているのである。テーマは、パリの広告や看板の規制についてであり、日本建築学会にも日本都市計画学会の論文集にも掲載されている。自分で言うのも気が引けるが、パリに日本の都市のように広告や看板があるなら、とてもパリとはいえないような景観になることが想像されるので、これは決して小さなテーマでなく、それなりに意味のあるテーマではないかと思う。

これに限らず、パリについては多くの本が出されているが、パリの街並、もう少し学術的な言葉で言えば都市景観についての建築的、都市計画的な観点からの本は少ないようである。そこで、フランスの景観についての研究を行ってきた体験を活かして、パリの景観を十八ほど選び、空間の意味を読み解くことにした。

ただし、パリの都市計画やその歴史を専門にしているわけではないので、体系的に景観を選んで述べているわけではない。また、都市空間といっても広場や道路だけではなく、単体としての建築やコンクリートのような材料まで含めて考えている。それでも、パリの魅力をつくり出している都市としての美観の意味については、ある程度は理解できるのではないかと思う。

パリの景観を読み解くにあたり、もちろん必要と思われる文献に目は通した。しかし、何よりも役立ったのは、自分自身の足、自分自身の目である。二十年以上にわたり、フランス各地の街や村に出かけ、景観や文化遺産の保存について現地の人たちにインタヴューするとともに、自分の目で見て、考えてきた。このような体験が、パリの景観を考えるにあたり最も重要であった。本を読むだけでは、都市は理解できない。都市とは体験するもので、自分の足で歩き、自分自身の目で見ることではじめて理解できる、というのが私の持論である。

それにしても本書は、私の個人的なパリの都市空間の読み方である。読者の方々からの、より深い洞察については、喜んで耳を傾けるつもりである。

最後に、フランスへの出張や学生の指導など、多忙な私をいつも支えてくれた妻の裕美に心から感謝をしたい。また、本書を出版するにあたり鹿島出版会の三宮七重さんには大変お世話になった。ここに感謝を申し上げたい。

二〇一〇年　三月末

真冬のように寒い日に、研究室にて

参考文献

和田幸信『フランスの景観を読む 保存と規制の現代都市計画』鹿島出版会、二〇〇七年
宇田英男『誰がパリをつくったか』朝日新聞社、一九九四年
宝木範義『パリ物語』新潮社 一九八六年
西村幸夫『都市保全計画』東京大学出版会、二〇〇四年
高階秀爾『芸術空間の系譜』鹿島出版会、一九六七年
ル・コルビュジエ『ユルバニスム』（樋口清訳）鹿島出版会、一九六七年
羽生修二『ヴィオレ・ル・デュク』鹿島出版会、一九九二年
辻原俊博『フランスの街づくり国づくり』住宅新報社、一九九一年
寺島実郎『二十世紀から何を学ぶか（上）』新潮社、二〇〇七年
倉田保雄『エッフェル塔ものがたり』岩波書店、一九八三年
松井道昭『フランス第二帝政下のパリ都市改造』日本経済出版社、一九九七年
饗庭孝男編『パリ 歴史の風景』山川出版社、一九九七年
石井洋二郎『パリ 都市の記憶を探る』筑摩書房、一九九七年
元岡展久『パリ広場散策』丸善、一九九八年
松葉一清『パリの奇跡』朝日新聞社、一九九八年
佐滝剛弘『旅する前の「世界遺産」』文藝春秋、二〇〇六年
ピエール・ラヴダン『パリ都市計画の歴史』（土居義岳訳）中央公論美術出版、二〇〇二年
ジークフリート・ギーディオン『空間 時間 建築』（太田実訳）丸善、一九六九年
ミッシェル・ラゴン『現代建築』（高階秀爾訳）紀伊国屋書店、一九六〇年
レイナー・バンハム『第一機械時代の理論とデザイン』（石原達二・増成隆士訳） 鹿島出版会、一九七六年
ハワード・サルマン『パリ大改造 オースマンの業績』（小沢明訳）井上書院、一九八三年
ノーマ・エヴァンソン『ル・コルビュジエの構想 都市デザインと機械の表徴』（酒井孝博訳）
　井上書院、一九八四年
ロラン・バルト『表徴の帝国』（宗左近訳）新潮社、一九七四年
ルソー『告白録』（井上究一郎訳）河出書房新社、一九六八年
『ミシュラン・グリーンガイド パリ』実業之日本社、一九九一年

Le Guide du patrimoine Paris, Hachette 1994
Bernard Champigneulle, Paris, Seuil 1973
Georges Duby et al , Histoire de la France urbaine
2. La ville médiévale, Seuil 1980
3. La ville classique, Seuil 1981
4. La ville de l'âge industriel, Seuil 1983
5. La ville aujoud'hui, Seuil 1985
Jean-Louis Harouel, L'embellissement des villes, Picard 1993
Jean des Cars et Pierre Pinon, Paris-Haussmann, Picard 1993
Michel Le Moel et al, L'urbanisme parisien au siècle des lumières, Ville de Paris 1997
Bernard Rouleau, Paris Histoire d'un espace, Seuil 1997
Christine Queralt et Dominique Vidal, Promenades historiques dans Paris, Liana Levi 1991
Louis Bergeron, Paris Genèse d'un paysage, Picard 1989
Michel Ragon, Histoire de l'architecture et de l'urbanisme modernes, tome 1,2,3 Seuil 1991
Marcel Poncayolo et Thierry Paquot, Villes & civilization urbaine XVIII-XX siècle, Larousse,1992
Hilary Ballon, The Paris of Henri IV, MIT Press 1991

美観都市パリ

18の景観を読み解く

二〇一〇年九月二〇日　第一刷発行

著者　和田幸信
発行者　鹿島光一
発行所　鹿島出版会
〒一〇四-〇〇二八　東京都中央区八重洲二-五-一四
電話　〇三（六二〇二）五二〇〇　振替　〇〇一六〇-二-一八〇八八三

デザイン　高木達樹（しまうまデザイン）
印刷・製本　壮光舎印刷

ISBN978-4-306-07278-7 C3052 Printed in Japan

本書の内容に関するご意見・ご感想は下記までお寄せください。 http://www.kajima-publishing.co.jp　info@kajima-publishing.co.jp